全国高等中医药教育配套教材

供中药学类专业用

无机化学实验

第3版

中藥

主　编　吴巧凤　李　伟

副主编　黎勇坤　史　锐　林　舒　齐学洁　贾力维　曹　莉

编　委　(按姓氏笔画排序)

卞金辉 (成都中医药大学)　　　　　张浩波 (甘肃中医药大学)

史　锐 (辽宁中医药大学)　　　　　阿合买提江·吐尔逊 (新疆医科大学)

付　强 (贵州中医药大学)　　　　　武世奎 (内蒙古医科大学)

朱　敏 (南京中医药大学翰林学院)　林　舒 (福建中医药大学)

朱　鑫 (河南中医药大学)　　　　　罗　黎 (山东中医药大学)

齐学洁 (天津中医药大学)　　　　　庞维荣 (山西中医药大学)

关　君 (北京中医药大学)　　　　　姚　远 (黑龙江中医药大学佳木斯学院)

杜中玉 (济宁医学院)　　　　　　　姚华刚 (广东药科大学)

李　伟 (山东中医药大学)　　　　　姚惠琴 (宁夏医科大学)

李德慧 (长春中医药大学)　　　　　贾力维 (黑龙江中医药大学)

杨　婕 (江西中医药大学)　　　　　倪　佳 (安徽中医药大学)

杨爱红 (天津中医药大学)　　　　　徐　飞 (南京中医药大学)

吴巧凤 (浙江中医药大学)　　　　　郭　惠 (陕西中医药大学)

张　强 (广西中医药大学)　　　　　曹　莉 (湖北中医药大学)

张凤玲 (浙江中医药大学)　　　　　曹秀莲 (河北中医学院)

张晓青 (湖南中医药大学)　　　　　崔　波 (上海中医药大学)

张爱平 (山西医科大学)　　　　　　黎勇坤 (云南中医药大学)

人民卫生出版社

·北 京·

图书在版编目（CIP）数据

无机化学实验 / 吴巧凤，李伟主编 . —3 版 . —北
京：人民卫生出版社，2021.8（2023.10重印）
ISBN 978-7-117-31850-1

Ⅰ.①无… Ⅱ.①吴…②李… Ⅲ.①无机化学 – 化
学实验 – 中医学院 – 教材 Ⅳ.①O61–33

中国版本图书馆 CIP 数据核字（2021）第 148204 号

人卫智网	www.ipmph.com	医学教育、学术、考试、健康，购书智慧智能综合服务平台
人卫官网	www.pmph.com	人卫官方资讯发布平台

无机化学实验

Wuji Huaxue Shiyan

第 3 版

主　　编：吴巧凤　李　伟
出版发行：人民卫生出版社（中继线 010-59780011）
地　　址：北京市朝阳区潘家园南里 19 号
邮　　编：100021
E - mail：pmph @ pmph.com
购书热线：010-59787592　010-59787584　010-65264830
印　　刷：北京市艺辉印刷有限公司
经　　销：新华书店
开　　本：787 × 1092　1/16　印张：7
字　　数：175 千字
版　　次：2012 年 10 月第 1 版　2021 年 8 月第 3 版
印　　次：2023 年 10 月第 4 次印刷
标准书号：ISBN 978-7-117-31850-1
定　　价：45.00 元

打击盗版举报电话：010-59787491　E-mail：WQ @ pmph.com
质量问题联系电话：010-59787234　E-mail：zhiliang @ pmph.com

◇◇ 前　言 ◇◇

　　《无机化学实验》(第3版)作为全国高等中医药教育教材、国家卫生健康委员会"十四五"规划教材《无机化学》(第3版)的配套教材,目的是通过实验巩固、验证和加深对无机化学基本理论和基本知识的理解,训练科学的实验方法和技能,通过实验现象的观察、分析、判断、推理和归纳总结,提高学生的动手能力和分析解决问题的能力,培养学生严谨的科学态度,为后续课程的学习打下基础。教材自2012年第1版出版以来,2016年进行第2版修订,经过全国20多所高等医药院校9年的教学使用,得到同行认可及学生好评。本教材在上版基础上,修正了书中错误及不妥之处,新增了思政内容及数字化融合资源,以适应互联网时代学生的学习。

　　本教材分工如下:第一部分第一、二章,史锐、崔波、朱鑫;第三章,徐飞、曹秀莲、吴巧凤。第二部分第四章,张浩波、崔波、倪佳;第五章,曹秀莲、张强、姚军;第六章,吴巧凤、张凤玲、史锐。第三部分实验一,卞金辉、李德惠、付强;实验二,关君、付强、阿合买提江·吐尔逊;实验三,杨婕、庞维荣、贾力维;实验四、实验五,齐学洁、朱鑫、朱敏;实验六,李伟、黎勇坤、罗黎;实验七,吴巧凤、林舒、曹莉;实验八,武世奎、张晓青、杜中玉;实验九,贾力维、李德慧、史锐;实验十,徐飞、崔波、姚华刚;实验十一,朱鑫、齐学洁、姚华刚;实验十二,姚惠琴、姚远、张强;实验十三,黎勇坤、李德慧、曹秀莲;实验十四,张爱平、武世奎、阿合买提江·吐尔逊;实验十五,吴巧凤、曹莉、张凤玲;实验十六,曹莉、姚远、倪佳;实验十七,史锐、张强、杜中玉;实验十八,史锐、曹莉、姚惠琴;实验十九,张强、徐飞、杜中玉;实验二十,郭惠、张凤玲、罗黎;附录,吴巧凤、张凤玲。

　　在编写过程中,得到了参编院校领导和专家的大力支持;数字融合资源部分,史锐、贾力维、林舒、张凤玲等老师提供了大量的原创资料并出色完成视频、图片等编辑整理工作,在此深表感谢! 感谢各位同仁及读者提出的宝贵意见。

　　鉴于编者水平所限,难免存在不妥之处,恳请各位同仁及读者在使用过程中提出宝贵意见,以便更正和进一步修订完善。

编者
2021 年 3 月

◇◇◇ 目　　录 ◇◇◇

第一部分　无机化学实验基本知识

第二部分　无机化学实验基本操作规范和技能

第三部分　实　验　选　编

第一部分

无机化学实验基本知识

第一章

实验室基本知识

第一节　实　验　规　则

1. 实验前要认真预习实验内容,明确实验的目的和要求,以及实验时应当注意的问题;对实验的方法、步骤做到心中有数,并完成实验预习报告。

2. 进入实验室须穿实验服,遵守实验室纪律和制度,听从教师和实验室工作人员的指导与安排。

3. 实验过程中保持良好秩序,保持肃静,严格按操作规范进行实验,注意安全,防止发生意外事故,能独立操作并能与小组同学相互配合。实验进行时,不得随便离开岗位。

4. 认真观察、分析、思考实验现象,如实记录实验现象和数据,不得事后修改。

5. 爱护公共财物,小心使用仪器,注意节约试剂和水电。公用仪器和试剂使用后应归还原处。仪器设备若有损坏,应主动向老师报告。

6. 实验完毕后,应洗净仪器,整理好药品和实验台面,打扫卫生,关好水、电、门窗。实验室的一切物品不得带离实验室。

7. 实验记录经指导教师签字认可后,学生方可离开实验室;认真完成实验报告,并按时上交。

第二节　实验室安全规则

1. 进入实验室,须了解周围环境,明确逃生通道、总电源、急救器材的位置及使用方法。

2. 实验室内禁止饮食、抽烟,严禁口尝任何药品。实验完成后要及时关闭电源、水、气源;使用易燃、易爆试剂要远离火源,并戴好防护眼镜和防护手套。

3. 保持实验室内的良好通风,有毒或有恶臭气体的实验需在通风橱内进行。

4. 绝对不允许任意混合各种化学药品。倾注药品或加热液体时,不要俯视容器,也不要将正在加热的容器口对准自己或他人。

5. 自拟实验或改变实验方案时,必须经教师批准方可进行,以免发生意外事故。

6. 实验过程中要小心,防止烫伤、割伤、中毒等意外发生;若不小心发生意外,切勿惊慌失措,应沉着冷静及时采取措施,避免事故扩大。

7. 试剂使用时切勿溅在衣服或皮肤上,尤其是眼睛上。若试剂溅入眼睛,应张开眼睛立刻用大量清水冲洗(除遇水放热试剂外,如生石灰,应先用棉签或手绢处理);若发生烫伤,可用高锰酸钾或苦味酸溶液清洗伤处,再涂上烫伤药膏,必要时送医院;若发生割伤,应立刻用药棉擦净伤口后按压止血,若出血量大,则抬高患处,送医院治疗;若发生起火,小火可用湿布或沙土扑灭,火势较大时使用灭火器扑灭,火势凶猛时立即拨打 119 报警,火警响起应立刻切断电源并离开实验室;若不小心吸入毒气,中毒轻者到室外呼吸新鲜空气,严重者立刻送医院;若不小心吞食毒物,应根据毒物性质服用解毒剂,并及时送往医院,若是非腐蚀性中毒可服 1% $CuSO_4$ 溶液催吐,并用手指伸进咽喉部,促使呕吐。

第三节　化学试剂使用规则

1. 禁止用手直接取用试剂。固体试剂要用洁净的药匙或镊子取用,液体试剂用滴管或直接从瓶中倾倒出,取完试剂后要随即塞好瓶塞,不同试剂瓶上的滴管不得混用。

2. 不得品尝试剂和药品。

3. 按实验规定的用量取用试剂,未用完的试剂不可倒进原试剂瓶,应倾倒在指定的容器中。

4. 浓酸、浓碱等强腐蚀性试剂使用时要小心,切勿溅到衣服、皮肤上,尤其是眼睛上,若不小心溅上,应立即用抹布擦去,用大量水冲洗,强酸涂抹碳酸氢钠或凡士林,强碱用柠檬酸或硼酸饱和溶液洗涤,必要时到医院治疗,若进入眼睛,应立刻用大量水冲洗,并到医院治疗。

5. 使用有毒试剂(如汞盐、铬盐、四氯化碳、氰化物等)要特别谨慎小心,严格遵守操作规程并听从教师的指导。

6. 实验后,需回收的试剂和药品请放入指定的回收瓶中集中处理;实验中的废液,除无毒、中性、无味的水溶性物质可直接倒入下水道外,其他废液均需倒入指定的废液回收桶。

（史　锐　崔　波　朱　鑫）

第二章

化学实验中的数据表达与处理

第一节 有 效 数 字

一、有效数字

有效数字是指实际能测量到的有实际意义的数字。要得到准确的测量结果,除了准确地测定,还要正确地记录和计算。记录数据和计算结果时应当保留几位有效数字,需要根据测定方法的准确度和使用仪器的精确度来决定。有效数字只允许保留一位可疑数,即最后一位是不准确的(可疑值)。

有效数字不仅反映数值的大小,还反映了测量的精确度。有效数字若记为 0.200 0g,表示是用分析天平称量的,其可疑数字是最后一位 0,而 0.2g 则表示是用台秤称量的;有效数字若记为 10ml,则表明是用量筒量取的,若记为 10.00ml 则表明需要使用精密仪器移液管移取。可见,有效数字不能随意增加或减少,否则无法正确反映测量和结果的准确程度。

判断有效数字位数时需要注意:

1. 数字 0 可能是有效数字,也可能不是有效数字,只起定位作用。如:滴定操作时消耗液体体积 30.40ml,有效数字为 4 位,中间和后面的 0 均为有效数字;若记作 0.030 40L,则有效数字仍为 4 位,前面的 0 只起定位作用,不作为有效数字;如果记为 30 400μl 的话,有效数字的位数比较模糊,此时应记为 3.040×10^4μl,这样有效数字仍为 4 位。

2. 从相对误差角度考虑,如果首位数字≥8,其有效数字的位数可多计 1 位,如 9.48m,可认为是 4 位有效数字。

3. 对于 pH 及 p$K_a^{\ominus}$ 等对数值,有效数字取决于小数部分数字的位数,因为其整数部分只代表了数值的幂次。如 pH=4.12,有效数字为 2 位,即 $[H^+]=7.5 \times 10^{-5}$mol/L。

4. 只有涉及测量时才需要考虑有效数字,对于不需要测量的数字(如系数,倍数)以及理论计算所得的数值(如 e、π 等),不存在可疑数,其有效数字可以认为是无限的,取用时需要几位就保留几位。

二、有效数字的修约规则

有效数字进行运算时,需要按照一定的要求舍去多余的尾数,称为有效数字的修约。有效数字的修约规则是"四舍六入五成双",即尾数小于 5 舍去,大于 5 则进位,等于"5"则看"5"前面的数是否为偶数,为偶数的则舍去尾数,为奇数时则进位,原则是使"5"前的数为偶数。需要指出的是,若"5"后还有其他不为 0 的数字,则进位。

如将下列数字修约为 3 位有效数字:18.728→18.7;18.760→18.8;18.755→18.8;

$18.75 \rightarrow 18.8;18.85 \rightarrow 18.8$。

　　有效数字在修约时需要注意,应一次修约到所需位数,不能分次修约,如 18.748 修约为 3 位有效数字,应一次修约为 18.7,不能先修约为 18.75,再修约为 18.8。对于偏差的修约,通常保留 1~2 位有效数字,标准偏差修约时应使其准确度降低,如标准偏差 0.212,应修约为 0.3 或 0.22。

三、有效数字的运算规则

　　1. 加减法运算　加减运算的误差是各个数值绝对误差的传递结果,有效数字的保留,应以小数点后位数最少(即绝对误差最大的)的数据为准。例如计算 80.2+0.550 1+0.12,各数据中绝对误差最大的是 80.2,因而修约后计算如下:

$$80.2 + 0.6 + 0.1 = 80.9$$

　　2. 乘除法运算　乘除运算的误差是各个数据相对误差传递的结果,有效数字的保留,应以数据中有效数字最少(相对误差最大的)的数据为准。例如计算 0.015 1×24.84×1.057 82,各数据中相对误差最大(有效数字位数最少)的是 0.015 1,因此结果的有效数字位数也是 3 位。修约后计算为:

$$0.015\ 1 \times 24.8 \times 1.06 = 0.397$$

　　使用计算器计算时,不论计算前是否对各数据进行修约,一定要正确保留最后结果的有效数字位数。如计算 2.50×2.00×1.42,结果的有效数字应为 3 位,而计算器的计算结果显示为 7.1,只有 2 位有效数字,则应写作 2.50×2.00×1.42 = 7.10。

第二节　实验数据的记录

　　在化学实验中,数据起着至关重要的作用,获得科学有效的数据是每个实验者应该具备的基本素质。

　　实验过程中的各种实验现象(也包括实验过程中出现的问题、异常现象及处理方法等)和测量数据,都应清晰、准确、完整地记录下来,避免夹杂个人主观因素,更不能随意拼凑和杜撰数据。实验数据应用钢笔或圆珠笔及时记录在专门的实验报告本或实验报告纸上,决不允许将数据随意记录在小纸片或其他地方。实验数据需要修改时,应在原数据上画一横线,再将正确数据写在其上方,不得涂擦或挖补,也不允许使用修正液修改。实验过程中的每一个数据都是测量的结果,因而在重复测量时,即使数据完全相同,也应当及时记录下来。实验记录如有修改,应在修改处签名。

　　实验过程中使用的各种特殊仪器以及标准溶液的浓度等,也应及时准确记录下来。对于带数据记录和处理功能的仪器,应将数据转抄在实验记录表格上,并需同时附上仪器记录纸。

　　在记录实验数据时,需要注意有效数字的位数。通常要根据计量仪器的精度以及对分析结果准确程度的要求来确定有效数字,如用分析天平称量时,记录至 0.000 1g;用滴定管或吸量管确定放出溶液体积时应记录至 0.01ml;用分光光度计测量吸光度时,如果吸光度在 0.6 以上,要求记录至 0.01,如果吸光度在 0.6 以下,要求记录至 0.001;标准溶液的浓度一般取 4 位有效数字,被测组分的质量百分数一般要求计算至 0.01%。对于极差、平均偏差、标准偏差的有效数字位数按所用分析方法的最低检出浓度来确定。相对平均偏差（RMD）、相对标准偏差（RSD）、检出率、超标率等用百分数表示，根据数值大小，保留至小数点后 1~2 位。

第三节　实验数据的处理

实验数据的处理指对从实验获得的数据用严格而简单的方法获得结果的加工过程。正确处理实验数据是一项基本实验能力。

在化学实验中，为了衡量分析结果的精密度，一般对单次测定的一组结果（x_1、x_2、$\cdots$、x_n），计算出算数平均值后，还应再用单次测量结果的偏差（$d_i = x_i - \bar{x}$）、相对偏差（$\dfrac{x_i - \bar{x}}{\bar{x}} \times 100\%$）、平均偏差（$\bar{d} = \dfrac{\sum\limits_{i=1}^{n}|d_i|}{n}$）、相对平均偏差（$\mathrm{RMD} = \dfrac{\bar{d}}{\bar{x}}$）等表示出来；如果测定次数较多，可用标准偏差（$s = \sqrt{\dfrac{\sum(x_i - \bar{x})^2}{n-1}}$）和相对标准偏差（$\mathrm{RSD} = \dfrac{s}{\bar{x}} \times 100\%$）等表示结果的精密度。其中，相对标准偏差是化学实验中最常用的确定结果精密度的方法。

根据实验内容和实验要求的不同，可以采用不同的数据处理方法。无机化学实验中主要包括列表法和作图法。

一、列表法

列表法是表达实验数据最常用的一种方法。将各种实验数据设计在形式清晰明了的表格内，可以起到化繁为简的作用，能够简单反映出相关物理量之间的对应关系，清楚地表达出测量值的变化情况，有利于对获得的数据进行相互比较，得出某些实验结果的规律性。

在设计表格时应用直尺画线，力求工整，对应关系应清楚简洁，行列整齐，能够一目了然，表格应有序号和简明完整的名称，使人一看便知内容，对一些主要参数应予以说明（包括引用的常量、物理量的单位、环境参数等）。

如乙酸（HAc）溶液的标定实验，其实验表格可设计如表 1-2-1 所示。

表 1-2-1　HAc 溶液浓度标定结果表（t=20℃）

实验编号		1	2	3
c_{NaOH}/(mol/L)			0.100 0	
V_{HAc}/ml		25.00	25.00	25.00
V_{NaOH}/ml	$V_{始}$/ml	0.01	0.01	0.02
	$V_{终}$/ml	24.99	25.00	25.02
	V_{NaOH}/ml	24.98	24.99	25.00
c_{HAc}/(mol/L)		0.099 92	0.099 96	0.100 1
$\bar{c}_{\mathrm{HAc}}$/(mol/L)			0.099 99	
RSD			0.1%	

一个好的数据处理表格,往往就是一份简明的实验报告,因此表格设计上要舍得下功夫。

二、作图法

作图法是将实验数据通过正确的作图方法画出合适的曲线,从而形象直观并准确地表现出数据的特点、相互关系、变化规律以及函数的极值、拐点、突变及周期性等,并能够进一步求解,获得斜率、截距、外推值或内插值等。

一种基本的数据处理方法,具有取平均值的效果,并有助于发现测量的个别错误数据。因为每个数据都存在测量的不确定性,曲线不可能通过每一个测量点,但对于曲线,靠近和均匀分布于测量点附近,从而具有多次测量取平均的效果,如果某个点明显远离曲线,则说明这个数据错了,需要分析错误原因,必要时需要重新测量。

作图法需要注意:①正确选用坐标纸和比例尺,常用坐标纸为直角坐标纸,有时也会用到对数坐标纸、三角坐标纸等。对于直角坐标纸,横坐标与纵坐标的读数不一定从 0 开始,可根据具体情况而定。比例尺的选定也极为重要,应充分利用图纸的全部面积,使全图布局合理,如果选择不当,会使曲线的特点如极值、转折点等显示不清楚。②画坐标轴时应注明坐标轴所代表变数的名称及单位,横坐标读数一般从左到右,纵坐标读数一般从下到上。③应用铅笔将测得的各数据绘于图上,不同组的数据用不同的符号表示,以示区别。④将各点连成曲线,曲线应光滑均匀,不必强求通过所有点,但实验点应尽量均匀分布于曲线两侧,曲线与代表点之间的距离表示测量误差,应尽可能小。⑤应写清楚图的名称及坐标轴的比例尺;比例尺的选择应能够表示出全部有效数字,以便物理量的精确度与测量的精确度适应;图纸每小格所对应的数值应便于迅速简便地读出和计算。

要包括求内插值、求外推值、求转折点和极值、求经验方程等方法,无机化学实验中常用求经验方程的方法。如银氨配离子配位数的测定,由实验数据可绘出曲线 $\lg[Ag(NH_3)_n^+][Br^-] = n\lg[NH_3] + \lg K^{\ominus}$,以 $\lg[Ag(NH_3)_n^+][Br^-]$ 为纵坐标、$\lg[NH_3]$ 为横坐标作图,则截距为 $\lg K^{\ominus}$,求出直线斜率 n,也可求出 $K^{\ominus}$($K^{\ominus} = K_{s,[Ag(NH_3)_n]^+}^{\ominus} \times K_{sp,AgBr}^{\ominus}$),并计算出配离子稳定常数 $K_s^{\ominus}$。

（史　锐　崔　波　朱　鑫）

第三章

实验报告的书写

第一节 实验报告的要求

实验报告是实验工作的全面总结,旨在用简明的形式将实验结果完整和真实地表达出来,因此,实验报告的质量将体现学生对实验内容的理解掌握、动手能力水平,以及实验结果的正确性水平。

实验报告要求简明扼要,文理通顺,字迹端正,图表清晰,结论正确,分析合理,讨论力求深入。实验报告书写用纸要求格式正规化、标准化,绘制曲线的坐标纸切忌大小不一。为便于保存,最好用蓝黑墨水钢笔书写,避免用圆珠笔书写。实验曲线必须注明坐标、量纲、比例。数据计算单位必须用国际标准单位。

实验报告内容应包括以下 7 个部分:

(1) 实验目的:简述实验的目的要求。

(2) 实验原理:简要说明实验有关的基本原理、主要反应式及定量测定的方法原理等。

(3) 实验试药和设备:包括实验所需的试剂、药材及仪器等。

(4) 实验内容及步骤:实验者可按实验指导书上的步骤编写,也可根据实验原理由实验者自行编写,但一定要按实际操作步骤详细如实地写出来。设计性、综合性实验要画出设计流程图,并附必要的设计说明。

(5) 实验数据及处理:根据实验要求,实验时要一边测量,一边记录实验数据。先把实验测量数据记录在预习报告纸上,等到整理正式报告时再抄写到实验报告纸上,以免填错数据,造成修改。根据实验原始记录和实验数据处理要求,画出数据表格,整理实验数据。表中各项数据如是直接测得,要注意有效数字的表示;若是计算所得,报告中应列出所用公式,其他数据可直接填入表格,并注意有效数字。必要时需绘制曲线,曲线对应的刻度、单位应该标注齐全,曲线的比例应合适、美观,并针对曲线作出相应的说明和分析。另外,实验原始数据要附在实验报告后,做到治学严谨和实事求是。

(6) 实验结果讨论:实验报告不是简单的实验数据记录纸,还要有实验情况分析,要把通过实验所测量的数据与计算值加以比较,若误差很小(一般 5% 以下)就可以认为是基本吻合的;若实验测量数据与事先的计算数值不符,甚至相差过大,应找出原因,并作出分析。若是性质实验,每一项实验内容都应该有相应的实验结论。一般实验可通过具体实验内容和具体实验数据分析作出结论,但不能笼统地概括为验证了某某定理。

(7) 回答思考问题:写报告时,对实验后面的有关思考题进行解答。

第二节　实验报告的基本格式

实验报告的具体格式因实验类型而异,但大体应遵循一定的格式,常见的可分为定性实验报告、定量实验报告和制备实验报告 3 种类型,具体格式示例如下。

一、定性实验报告格式

实验二　电解质溶液

(一) 实验目的

……

(二) 实验原理

……

(三) 实验内容

1. 强弱电解质溶液的比较

步骤	现象	解释及反应方程式

结论:

2. ……

(四) 讨论

……

(五) 思考题

……

二、定量实验报告格式

实验七　乙酸解离度和解离常数的测定

(一) 实验目的

……

(二) 实验原理

……

(三) 实验内容

1. HAc 浓度的标定

……

2. 不同浓度 HAc 的配制

……

3. 不同浓度 HAc 的 pH 测定

……

(四) 数据记录、处理及结果

表1　HAc 浓度标定结果

实验编号		1	2	3
c_{NaOH}/(mol/L)				
V_{HAc}/ml		25.00	25.00	25.00
V_{NaOH}/ml	$V_{终}$/ml			
	$V_{始}$/ml			
	V_{NaOH}/ml			
c_{HAc}/(mol/L)				
$\bar{c}_{HAc}$/(mol/L)				
RSD				

表2　HAc 溶液 pH、解离度(α)和解离常数($K_a^{\ominus}$)的测定结果(T=℃)

编号	HAc/(mol/L)	pH	[H$^+$]/(mol/L)	a	$K_a^{\ominus}$	$\bar{K}_a^{\ominus}$	RSD
1(c/20)							
2(c/10)							
3(c/2)							
4(c)							

（五）讨论

……

（六）思考题

……

三、制备实验报告格式

实验十五　硫酸亚铁铵的制备及产品级别的确定

（一）实验目的

……

（二）实验原理

……

（三）实验步骤

2g 铁屑 $\xrightarrow[\text{水浴加热}]{\text{3mol/L H}_2\text{SO}_4}$ 趁热过滤 $\longrightarrow$ 滤液 $\xrightarrow{\text{饱和硫酸铵溶液}}$ $\xrightarrow[\text{蒸发浓缩}]{\text{水浴}}$ $\xrightarrow[\text{冷却}]{\text{放置}}$ 硫酸亚铁铵晶体

$\xrightarrow{\text{减压抽滤，95\% 乙醇洗涤，减压抽滤}}$ 称重 产物

1g 产物（置于 25ml 比色管） $\xrightarrow[\text{溶解}]{\text{15ml 无氧水}}$ $\xrightarrow[\text{1ml 0.25\% KSCN}]{\text{2ml 3mol/L HCl}}$ $\xrightarrow[\text{至刻度线}]{\text{无氧水}}$ $\xrightarrow[\text{与标准色阶比色}]{\text{摇匀}}$ 确定产品级别

（四）实验结果与讨论

1. 产物的颜色形态：_____

2. 称重:硫酸亚铁铵重_____g

3. 产率 ＝ 实际产量 / 理论产量 × 100%

4. 对实验所得产品的颜色与产率作讨论,分析原因。

（五）思考题

……

（徐　飞　曹秀莲　吴巧凤）

第二部分

无机化学实验基本操作规范和技能

第四章

常用试剂的分类、管理和使用

第一节　常用试剂的分类和管理

化学试剂是具有不同纯度标准的精细化学制品,其价格与纯度相关,纯度不同价格相差很大。因此,做化学实验时应按实验的要求选用不同规格的试剂,做到既不盲目追求高纯度以免造成浪费,又不随意降低试剂规格从而影响实验结果。所以,了解化学试剂的分类、规格标准,以及合理使用和保管方面的知识,对于化学及与化学实验有关的生命科学专业人员是非常重要的。

一、化学试剂的分类与规格标准

化学试剂按用途分类,可分为通用试剂与专用试剂两类。通用试剂是实验室普遍使用的试剂;专用试剂种类很多,有标准试剂、基准试剂、专用试剂等。

化学试剂按其化学组成与性质,可分为无机试剂、有机试剂、生化试剂等。无机试剂包括金属和非金属的单质、化合物等。有机试剂包括烃、卤代烃、醇、醚、醛、酮、醌、羧酸、酯、胺、硝基化合物及碳水化合物等。生化试剂包括酶、蛋白质、菌等。

化学试剂的规格标准是按试剂的纯度及杂质含量来划分的,它反映了试剂的基本质量。国际纯粹化学和应用化学联合会把化学标准物质规定为 A、B、C、D、E 5 级。

A 级　原子量标准。

B 级　与 A 级最接近的基准物质。

C 级　含量为 $(100 \pm 0.02)\%$ 的标准物质。

D 级　含量为 $(100 \pm 0.05)\%$ 的标准物质。

E 级　以 C、D 级试剂为标准,对比测定纯度相当于 C、D 级纯度或低于 D 级的试剂。

参照国际标准,我国对化学试剂的规格标准分为高纯试剂、光谱纯试剂、基准试剂、优级纯试剂、分析纯试剂、化学纯试剂和实验纯试剂等 7 个等级,其中基准试剂相当于国际标准中的 C、D 级。实验室常用的国产标准试剂(代码 GB)级别、标签标记及用途见表 2-4-1。

表 2-4-1　国产一般化学试剂级别、标签颜色及用途

一般试剂级别	中文名称	英文符号	标签颜色	主要用途
一级	优级纯(保证试剂)	G.R	深绿色	精密分析和科学研究
二级	分析纯(分析试剂)	A.R	红色	定性、定量分析和一般研究
三级	化学纯	C.P	蓝色	一般分析和有机、无机实验
四级	实验纯	L.R	棕色	一般化学实验辅助试剂

续表

一般试剂级别	中文名称	英文符号	标签颜色	主要用途
基准试剂	基准试剂		深绿色	容量分析标准溶液、校准液
生化试剂	生化试剂 生物染色体	B.R	咖啡色	生物化学实验

二、常用试剂的管理

化学试剂的管理在实验室中是一项很重要的工作。一般在实验室中不宜保存过多易燃、易爆和有毒的化学药品,要根据用量领取。为防止化学试剂被污染和失效变质,甚至引发事故,要根据试剂的性质采取相应的保管方法。见光易分解、易氧化、易挥发的试剂应贮存于棕色瓶中,并放在暗处;易腐蚀玻璃的试剂应保存在塑料瓶中;吸水性强的试剂要严格密封,易相互作用的试剂不宜在一起放;易燃和易爆的试剂存放于通风处;剧毒试剂,须由专人保管,取用时必须详细登记,剩余剧毒药品必须回收。

实际工作中,应根据试剂性质,创造贮存条件,分类存放,以防造成伤害和引发事故。

第二节　常用试剂与试纸的使用

化学试剂取用的原则是在量合适的同时保证试剂不受污染。

在实验准备室中分装化学试剂时,固体试剂一般装在广口瓶中,液体试剂或配成的溶液则盛放在试剂瓶(细口瓶)或带有滴管的滴瓶中。对于见光易分解的试剂则应盛放在棕色瓶内(如硝酸银)保存。试剂瓶上必须贴有标签,注明试剂的名称、规格和浓度,必要时要注明配制日期。标签外面涂一薄层蜡或用透明胶带保护它。

化学实验中,化学试剂合理的选用、规范的操作、科学的贮存保管都是必须注意的问题。它不仅直接关系到实验的顺利进行,也关系到人身安全,因此化学试剂的取用必须遵循相应的规则。

一、固体试剂

(一) 固体试剂的取用

使用干净的药匙取固体试剂,且药匙不能混用。实验后洗净、晾干,下次再用,避免沾污药品。如果要将固体加入到湿的或口径小的试管中时,可先用一窄纸条,用药匙将固体药品放在纸条上,然后平持试管,将载有药品的纸条插入试管,让固体慢慢滑入试管底部(图 2-4-1)。

要严格按量取用药品。"少量"固体试剂,对一般常量实验指小米粒大小的体积,对微型实验约为常量的 1/10~1/5 体积。多取试剂不仅浪费,还会对实验效果造成一定的影响。如果一旦取多可放在指定容器内或给他人使用,一般不许倒回原试剂瓶中。

需要称量的固体试剂,可放在称量纸上称量;对

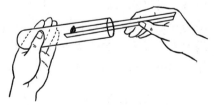

图 2-4-1　固体试剂加入到试管

于具有腐蚀性、强氧化性、易潮解的固体试剂,要用小烧杯、称量瓶、表面皿等装载后进行称量。根据称量精确度的要求,可分别选择台秤或天平称量固体试剂。用称量瓶称量时,可用减量法操作。

(二)固体的溶解和沉淀的分离与洗涤

固体分离提纯一般是基于物质的溶解度不同或难溶电解质的溶度积不同,利用固液两相的形成来分离获取需要物质的一种分离方法。主要包括试样的溶解、沉淀的分离和洗涤等步骤。

1. 试样的溶解　溶剂的选择对于试样的溶解非常重要。首先,试剂和试样不应发生化学反应,且有利于形成大小整齐的晶体或沉淀;其次,试剂对试样和杂质的溶解度应有显著差别,且溶解度随温度变化的规律有较大的差异,以利于有效的分离;再次,溶剂的沸点应低于试样熔点,但不宜太低,以免造成体系变温范围狭窄而待分离物溶解度变化差别不大,也不宜太高而造成晶体表面溶剂不易蒸发除去。操作时,溶剂用量应略小于试样溶解需求量,以加热后溶液无试样成分混浊出现即可,若未全溶,可滴加溶剂至恰好溶解为止。注意:使用有机溶剂时,切记使用回流装置且不可明火加热。一般有色可溶有机杂质应在沉淀未析出前加活性炭煮沸除去,但溶液沸腾时不可加活性炭,以免暴沸。

2. 沉淀的分离　沉淀分离的方法主要有倾析法、离心分离法和过滤法 3 种。

(1)倾析法:沉淀的密度较大或结晶颗粒较大,静置后待颗粒沉降至容器底部时,可采用倾析法对沉淀进行分离和洗涤。把沉淀上部的溶液倾入另一容器内,然后往盛着沉淀的容器内加入少量洗涤液,充分搅拌后,沉降,倾去洗涤液。如此重复操作 3 遍以上,即可把沉淀洗净,使沉淀与溶液分离。

(2)离心分离法:少量沉淀与溶液的混合物可用离心分离以代替过滤,操作简单而迅速,实验中常用电动离心机。将盛有溶液和沉淀的混合物的离心试管放入离心机的试管套筒内,为了防止由于 2 支管套中重量不均衡所引起的振动而造成轴的磨损,必须在放入离心试管的对称位置上,放一同样大小的试管,内中装有与混合物等体积的水(严格条件下预先称量),以保持平衡(电动离心机的使用方法和注意事项见本书第五章中离心机的使用相关内容)。离心操作完毕后,从套管中取出离心试管,再取一小滴管,先捏紧其橡皮头,然后插入试管中,插入的深度以尖端不接触沉淀为限。然后慢慢放松捏紧的橡皮头,吸出溶液,移去。这样反复数次,尽可能把溶液移去,留下沉淀。若要洗涤试管中存留的沉淀,可由洗瓶挤入少量蒸馏水,用玻璃棒搅拌,再进行离心沉降后按上法将上层清液尽可能地吸尽。重复洗涤沉淀 2~3 次。

(3)过滤法:过滤法是固 - 液分离较常用的方法之一。溶液和沉淀的混合物通过过滤器时,沉淀留在滤纸上,溶液则通过过滤器,过滤后所得到的溶液叫滤液。溶液的黏度、温度、过滤时的压力,沉淀物的性质、状态,以及过滤器孔径大小,都会影响过滤速度。热溶液比冷溶液容易过滤。溶液的黏度越大,过滤越慢。减压过滤比常压过滤快。如果沉淀呈胶体状态,不易穿过一般过滤器(滤纸),应先设法将胶体破坏(如用加热法)。总之,要考虑各个方面的因素来选择不同的过滤方法。常用的过滤方法有常压过滤、减压过滤和热过滤 3 种,具体操作见本书第六章相关内容。

二、液体试剂的取用

液体试剂装在细口瓶或滴瓶内,试剂瓶上的标签要写清名称、浓度。

（一）从滴瓶中取用试剂

从滴瓶中取用试剂时,应先提起滴管离开液面,捏瘪胶帽后赶出空气,再插入溶液中吸取试剂。滴加溶液时滴管要垂直,这样滴入的液滴体积才能准确;滴管口应距接收容器口(如试管口)5mm 左右(图 2-4-2),以免与器壁接触沾染其他试剂,使滴瓶内试剂受到污染。如要从滴瓶取出较多溶液时,可直接倾倒。先排出滴管内的液体,然后把滴管夹在食指和中指间,倒出所需量的试剂。滴管不能倒持,以防试剂腐蚀胶帽使试剂变质。不能用自己的滴管取公用试剂,如试剂瓶不带滴管又需取少量试剂,则可把试剂按需要量倒入小试管中,再用自己的滴管取用。

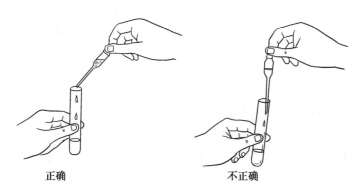

正确　　　　　　　　　不正确

图 2-4-2　用滴管滴加少量溶液

（二）从细口瓶中取用试剂

从细口瓶中取用试剂时,要用倾注法取用。先将瓶塞反放在桌面上,倾倒时瓶上的标签要朝向手心,以免瓶口残留的少量液体顺瓶壁流下而腐蚀标签。瓶口靠紧容器,使倒出的试剂沿玻璃棒或器壁流下。倒出需要量后,慢慢竖起试剂瓶,使流出的试剂都流入容器中,一旦有试剂流到瓶外,要立即擦净。切记不允许试剂沾染标签(图 2-4-3)。

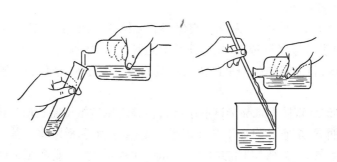

图 2-4-3　向试管、烧杯中加入液体

（三）取试剂的量

取试剂的量:在试管实验中要注意试剂的取用量。经常要取"少量"溶液,这是一种估计体积,对常量实验一般指 0.5~1.0ml,对微型实验一般指 3~5 滴,应根据实验的要求灵活掌握。要会估计 1ml 溶液在试管中占的体积和由滴管加的滴数相当的毫升数。

要准确量取溶液,则根据准确度和量的要求,可选用量筒、吸量管、移液管或滴定管等,具体使用方法见本书第五章常用仪器的使用。

使用吸量管或滴定管移取溶液时应当注意在同一实验中应尽可能使用同一吸量管或滴定管的同一部位。

三、试纸的使用

(一) pH 试纸

pH 试纸是用多色阶混合酸碱指示剂溶液浸渍滤纸制成的,能对一系列不同的 pH 显示一系列不同的颜色。

常用的 pH 试纸可以检验气体或液体的酸碱性。国产 pH 试纸有广泛 pH 试纸和精密 pH 试纸两类。用试纸测试溶液的酸碱性时,一般是将一小片试纸放在干净的点滴板上,用洗净并用蒸馏水冲洗过的玻璃棒蘸取待测试溶液滴在试纸上,观察其颜色的变化,将试纸所呈现的颜色与标准色板颜色比较,即可测得溶液的 pH。

(二) 石蕊试纸

石蕊试纸是将滤纸浸渍于含石蕊试剂的溶液晾干制成,是检验溶液的酸碱性最古老的方式之一。石蕊试纸分为红色石蕊试纸和蓝色石蕊试纸 2 种。碱性溶液使红色试纸变蓝,酸性溶液使蓝色试纸变红。由于受到变色范围的影响,用石蕊试纸测试时,在接近中性的溶液时不大准确。

(三) 乙酸铅试纸

乙酸铅试纸是将滤纸浸于乙酸铅溶液中,取出晾干后制得。它主要用于检验硫化氢气体。润湿的乙酸铅试纸遇到硫化氢气体时,产生硫化铅,白色的试纸立即变黑。化学反应方程式是:

$$Pb(CH_3COO)_2 + H_2S \Longrightarrow PbS\downarrow + 2CH_3COOH$$

乙酸铅试纸检验硫化氢气体灵敏度很高。在保存时必须放置于干净密封的广口试剂瓶里。使用时要用干净的镊子夹取,试纸用水润湿后要立即悬放在盛放硫化氢气体的容器中。

(四) 碘化钾淀粉试纸

碘化钾淀粉试纸是把滤纸浸入含有碘化钾的淀粉液中,晾干后而成的白色试纸。由于碘化钾中的碘离子具有弱的还原性,能被体系中的氧化剂(如氯气、二氧化氮、溴、臭氧等)氧化而释出游离的碘,与淀粉作用而呈蓝色。湿润的碘化钾淀粉试纸可检验氯和亚硝酸等氧化剂的存在。

注意,不能将试纸直接投入被测试液中进行检验。用试纸检验相应气体时,都应事先用去离子水把试纸润湿,把它黏附在干净玻璃棒尖端,或者用手指甲捏住其一个小角,将试纸移至发生气体的容器(如试管)口上方(注意不能接触容器壁)。观察试纸颜色的变化,判断气体的生成及其性质,注意不可用润湿试纸接触所检测气体的瓶口、试管口或瓶内溶液。

●(张浩波　崔波　倪佳)

第五章

常用仪器的使用

第一节 玻璃仪器

一、常用玻璃仪器介绍

实验室常用的玻璃仪器有试管、烧杯、量筒、试剂瓶等。现将常用玻璃仪器的规格、主要用途及使用注意事项列于表 2-5-1 中。

表 2-5-1 常用玻璃仪器

仪器名称	规格	主要用途	注意事项
试管	分硬质、软质,有刻度、无刻度,有支管、无支管等。有刻度的按容积(ml)来表示;无刻度用管口直径(mm)× 管长(mm)表示,如 25mm×150mm、10mm×25mm 等	少量试剂的反应容器,便于操作、观察,用药量少。也可用于少量气体的收集。具支试管可用于装配气体发生器等	可直接用火加热,当加强热时要用硬质试管,加热后不能骤冷,否则容易破裂
离心试管	分有刻度和无刻度 2 种,有刻度的按容积(ml)来表示,如 5ml、10ml、15ml 等	在离心机中借离心作用分离溶液和沉淀	水浴加热,不能直接加热;在离心机的套筒内进行离心
烧杯	分硬质、软质,有刻度、无刻度,玻璃材质等。以容积(ml)表示,如硬质烧杯 400ml	反应容器,反应物易混合均匀;也用作配制溶液时的容器或简易水浴的盛水器;蒸发溶剂等	反应液体不能超过烧杯用量的 2/3;加热时放在石棉网上,使受热均匀
锥形瓶	分有塞、无塞;广口、细口和微型等。以容积(ml)表示,如 50ml、100ml 等	反应容器,振荡方便,用于滴定操作,加热时可避免液体大量蒸发。还可用于装配气体发生器	盛装液体不宜太多;加热时放在石棉网上,使受热均匀

续表

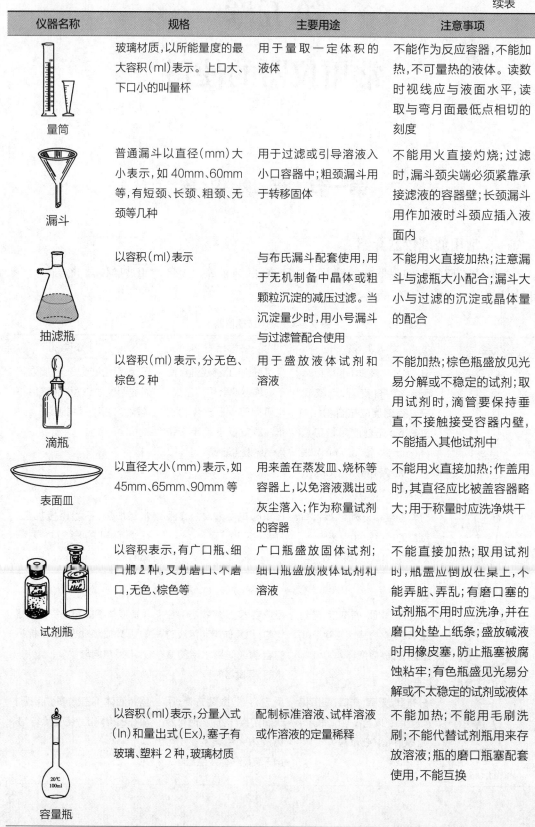

仪器名称	规格	主要用途	注意事项
量筒	玻璃材质,以所能量度的最大容积(ml)表示。上口大、下口小的叫量杯	用于量取一定体积的液体	不能作为反应容器,不能加热,不可量热的液体。读数时视线应与液面水平,读取与弯月面最低点相切的刻度
漏斗	普通漏斗以直径(mm)大小表示,如 40mm、60mm 等,有短颈、长颈、粗颈、无颈等几种	用于过滤或引导溶液入小口容器中;粗颈漏斗用于转移固体	不能用火直接灼烧;过滤时,漏斗颈尖端必须紧靠承接滤液的容器壁;长颈漏斗用作加液时斗颈应插入液面内
抽滤瓶	以容积(ml)表示	与布氏漏斗配套使用,用于无机制备中晶体或粗颗粒沉淀的减压过滤。当沉淀量少时,用小号漏斗与过滤管配合使用	不能用火直接加热;注意漏斗与滤瓶大小配合;漏斗大小与过滤的沉淀或晶体量的配合
滴瓶	以容积(ml)表示,分无色、棕色 2 种	用于盛放液体试剂和溶液	不能加热;棕色瓶盛放见光易分解或不稳定的试剂;取用试剂时,滴管要保持垂直,不接触接受容器内壁,不能插入其他试剂中
表面皿	以直径大小(mm)表示,如 45mm、65mm、90mm 等	用来盖在蒸发皿、烧杯等容器上,以免溶液溅出或灰尘落入;作为称量试剂的容器	不能用火直接加热;作盖用时,其直径应比被盖容器略大;用于称量时应洗净烘干
试剂瓶	以容积表示,有广口瓶、细口瓶 2 种,又分磨口、不磨口,无色、棕色等	广口瓶盛放固体试剂;细口瓶盛放液体试剂和溶液	不能直接加热;取用试剂时,瓶盖应倒放在桌上,不能弄脏、弄乱;有磨口塞的试剂瓶不用时应洗净,并在磨口处垫上纸条;盛放碱液时用橡皮塞,防止瓶塞被腐蚀粘牢;有色瓶盛见光易分解或不太稳定的试剂或液体
容量瓶	以容积(ml)表示,分量入式(In)和量出式(Ex),塞子有玻璃、塑料 2 种,玻璃材质	配制标准溶液、试样溶液或作溶液的定量稀释	不能加热;不能用毛刷洗刷;不能代替试剂瓶用来存放溶液;瓶的磨口瓶塞配套使用,不能互换

仪器名称	规格	主要用途	注意事项
移液管	以所能量度的最大容积（ml）表示，分为分度吸管和无分度吸管2类。分度吸管又叫吸量管；无分度吸管为胖肚型，只有一个刻度	用于精确移取一定体积的液体	先用少量所移取液淋洗3次；吸管残留的最后1滴液体视滴管情况要不要吹出；用后应立即清洗；不能放在烘箱中烘和加热

二、常用玻璃仪器的洗涤与干燥

（一）玻璃仪器的洗涤

玻璃仪器的洗涤是化学实验中最基本的一种操作。仪器洗涤的干净与否，直接影响实验结果的准确性和可靠性，所以实验前必须将仪器洗涤干净。同时，仪器用过之后要立即清洗干净，避免残留物质固化，造成洗涤困难。洗涤仪器的方法很多，应根据实验要求、污物的性质和玷污的程度来选择合适的方法进行洗涤。根据附着于仪器的污物主要为尘土和其他可溶性物质、不溶性物质、油污等情况，可以采用下列方法进行洗涤。

1. 水洗　就是直接用毛刷就水刷洗。用这种方法可以洗去水溶性污物，也可刷掉附着在仪器表面的灰尘和对器壁附着力不强的不溶性物质，但不能洗去玻璃仪器上的有机物和油污。注意洗涤时要选用大小合适、干净、完好的毛刷，使用时力度要适度。

2. 去污粉、洗衣粉或肥皂洗　这种方法可以洗去有机物和轻度油污。对试管、烧杯、量筒等玻璃仪器可在容器内先注入1/3左右的自来水，选用大小合适的刷子蘸取去污粉进行刷洗。洗涤时须对仪器内外壁仔细擦洗，再用水冲洗干净，直到没有细小的去污粉颗粒为止。注意容量仪器不能用去污粉刷洗内部，以免磨损器壁，使体积发生变化。

3. 有机溶剂清洗　某些有机反应残留物呈胶状或焦油状，用上述方法较难洗净，这时可根据具体情况采用有机溶剂（如氯仿、丙酮、苯、乙醚等）浸泡，或用稀氢氧化钠、浓硝酸煮沸除去。

在实际清洗过程中，一些不溶于水的污物常常牢固地附着在容器的内壁，对于这些污物要根据其性质选用适当的试剂，通过化学方法除去。如器壁上沾有 $AgCl$ 可用氨水除掉。

洗涤干净的标准是仪器内壁能均匀地被水润湿而不黏附水珠。在进行多次洗涤时，使用洗涤液应本着"少量多次"的原则，这样可节约试剂，也能保证洗涤效果。用自来水洗净后，应根据实验要求，有时还须用蒸馏水、去离子水或试剂清洗。

（二）玻璃仪器的干燥

实验中需要洁净干燥的玻璃仪器。将玻璃仪器洗涤干净后，要采取合适的方法对玻璃仪器进行干燥。玻璃仪器的干燥一般采取下列方法。

1. 晾干　对于不急用的仪器，可将其倒置在实验柜内、仪器架上、格栅板上晾干。

2. 吹干　将仪器倒置控去水分后，用电吹风（冷风或热风）直接将仪器吹干。若在吹风前用少量有机溶剂（如乙醇、丙酮等）淋洗一下，则干得更快。

3. 烘干　将洗净的仪器空去残留水，放在电热干燥箱的隔板上，将温度控制在 105℃ 左右烘干。

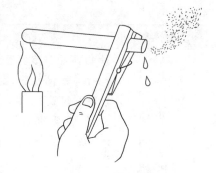

4. 烤干　一些常用的烧杯、蒸发皿、试管等器具可直接用火烤干。火烤试管时，要用试管夹夹住试管，使试管口朝下倾斜在火上烘烤，以免水珠倒流炸裂试管，并不断移动试管使其受热均匀，不见水珠后，去掉火源，将管口朝上让水蒸气挥发出去，如图 2-5-1 所示。

注意带有刻度的计量容器不能用加热法干燥，否则会影响仪器的精度。如需要干燥时，可采用晾干或冷风吹干的方法。

图 2-5-1　烤干试管

三、常用玻璃仪器的使用

(一) 试管的使用

试管是用于盛装少量试剂的反应容器，分为普通试管和离心试管。普通试管以管口外径（mm）× 长度（mm）表示，如 25mm × 150mm、10mm × 25mm 等；离心试管以 ml 数表示。试管置于试管架上。试管架有木质和铝制 2 种。

试管主要有振荡和搅拌两种操作。试管振荡时用拇指、食指和中指持住试管的中上部，将试管略微倾斜，手腕用力左右振荡或用中指轻轻敲打试管；试管搅拌时一手持试管，另一手持玻璃棒插入试管的试液中，并用微力旋转，不要碰试管的内壁而使反应试液搅动。试管可用试管夹夹住试管的中上部直接进行加热，但要注意受热要均匀。加热液体时试管口稍微向上倾斜，管口不要对着自己或旁人，以防液体喷出将人灼伤，如图 2-5-2 所示；加热固体时，通常要将试管固定在铁架台上加热，试管口稍微向下倾斜，以免凝结在试管口上的水珠流到灼热的试管底，使试管破裂，如图 2-5-3 所示。

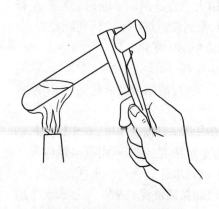

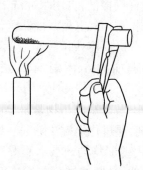

图 2-5-2　加热试管中的液体　　　　　图 2-5-3　加热试管中的固体

离心试管主要用于需要分离的少量物质反应，将其放在离心机中进行。离心试管不能直接加热，可水浴上加热。

(二) 玻璃量器的使用

玻璃量器是指对溶液体积进行计量的玻璃器皿，主要有量筒、容量瓶、移液管、酸式滴定管、碱式滴定管等。

1. 量筒　量筒是用来量取要求不太严格的溶液体积的，有 5~2 000ml 等 10 余种规格。量筒使用时应垂直放置，读数时视线与液面水平，读取弯月面最低刻度，视线偏高或偏低均产生误差。量筒不能用于加热,不能量取热的液体,也不能用作实验容器。如图 2-5-4 所示。

2. 容量瓶 容量瓶是配制标准溶液或样品溶液时使用的精密量器,是一种细颈梨形的平底玻璃瓶(图 2-5-5),带有磨口玻璃塞或塑料塞,颈部刻有环形标线,表示在 20℃时溶液满至标线时的容积。有 10ml、25ml、50ml、100ml、200ml、500ml 和 1 000ml 等规格,并有白、棕 2 种颜色。棕色瓶用来盛装见光易分解的试剂溶液。

图 2-5-4 量筒的使用

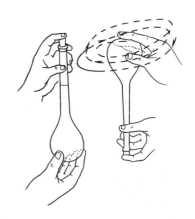
图 2-5-5 拿容量瓶的方法

容量瓶使用前要先检查瓶塞是否漏水。加自来水至标线附近,盖好瓶塞。左手食指按住塞子,其余手指拿住瓶子颈标线以上部位。右手指尖托住瓶底边缘,如图 2-5-5 所示。将瓶倒立 2 分钟,如不漏水,将瓶子直立,旋转瓶塞180°后,再倒立 2 分钟,仍不漏水方可使用。

若不漏水,应对容量瓶进行洗涤。先用自来水冲洗几次,倒出后内壁不挂水珠,即可用去离子水荡洗 3 次。否则,就必须用铬酸洗液洗,再用自来水冲洗,最后用去离子水荡洗 3 次。为避免浪费,每次用蒸馏水 15~20ml 左右。

用容量瓶配制标准溶液或样品液时,最常用的方法是将准确称量的待溶固体置小烧杯中,用蒸馏水或其他溶剂将固体溶解,然后将溶液定量转移至容量瓶中,如图 2-5-6 所示。然后用蒸馏水冲洗玻璃棒和烧杯 3~4 次,每次溶液按上述方法完全转入容量瓶中。当加蒸馏水稀释至容积的 2/3 处时,用右手食指和中指夹住瓶塞扁头,将容量瓶拿起,向同一方向摇动几周使溶液初步混匀(切勿倒置容量瓶)。当加蒸馏水至标线下 1cm 左右时,等 1~2 分钟,使附在瓶颈内壁的溶液流下,再用细长滴管滴加蒸馏水恰至刻度线。盖紧瓶塞,用食指压住瓶塞,另一只手托住容量瓶的底部,将容量瓶倒置,使气泡上升到顶。振摇几次再倒转过来,如此反复倒转摇动 15 次左右,使瓶内溶液混合均匀。

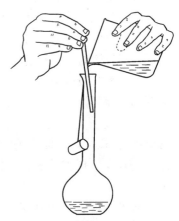
图 2-5-6 转移溶液的操作

容量瓶不宜用来长期存放配好的溶液,用完后要及时清洗干净。配套的塞子应挂在瓶颈上,以免玷污或打碎;容量瓶长时间不用时,瓶与塞之间应垫一小纸片。容量瓶不得在烘箱中烘烤,也不能在电炉上加热。如需要干燥时,可将容量瓶洗净,用无水乙醇等有机溶剂润洗后凉干或用电吹风吹干。用容量瓶定容时,溶液温度应和瓶上标示的温度相一致。

3. 移液管 移液管是准确移取一定体积液体的量器,简称吸管。实验中常用的有 2 种形状,一种是中间有一膨大部分(称为球部),上下两段细长,上端刻有环形标线,球部标有容积和温度,常用的有 10ml、20ml、25ml、50ml 等多种规格;另一种是具有分刻度的移液管,又叫吸量管,常用的规格有 1ml、2ml、5ml、10ml 等,用它可以吸取标示范围内所需任意体积的溶液,但吸取溶液的准确度不如前者。

移液管使用前必须进行洗涤。一般情况下,先用铬酸洗液浸泡数小时,再用自来水、蒸馏水冲净,然后用滤纸将移液管尖嘴内外的水吸净,最后用少量被移取的溶液润洗 3 次,以确保所移取溶液的浓度不变。

移液管移液时,用右手拇指和中指拿住移液管标线的上方,将移液管的下端伸入被移取溶液液面下 1~2cm 处,左手将洗耳球捏瘪,把尖嘴对准移液管口,慢慢放松洗耳球使溶液吸入管中,如图 2-5-7 所示。当溶液上升到高于标线时,迅速移去洗耳球,立即用食指按住管口将移液管下端移出液面,略微放松食指,将多余的溶液慢慢放出,直到溶液弯月面与标线相切时,用食指立即堵紧管口,不让溶液再流出。取出移液管插入接收容器中,移液管垂直,管的尖嘴靠在倾斜(约 45°)的接收容器内壁上,松开食指,让溶液自由流出,如图 2-5-8 所示。全部流出后再停顿约 15 秒,取出移液管。勿将残留在尖嘴末端的溶液吹入接收容器中,因为校准移液管时,没有把这部分体积计算在内。个别移液管上标有"吹"字的,可把残留管尖的溶液吹入容器中。

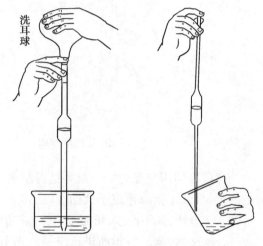

图 2-5-7　移液管吸液　　图 2-5-8　放液手法

吸量管的操作方法大体与移液管的使用相同。使用吸量管时,通常是使液面从吸量管的最高刻度降到某一刻度,两刻度之间的体积差恰好为所需体积。在同一实验中尽可能使用同一吸量管的同一刻度区间。

用移液管吸取液体时,必须使用洗耳球或抽气装置,切记勿用口吸。实验中要保护好移液管的尖嘴部分,用完后要立即洗涤干净,及时放在移液管架上,以免在实验台上滚动摔坏。

4. 滴定管　滴定管是滴定时可以准确测量滴定剂消耗体积的玻璃仪器;是一根具有精密刻度、内径均匀的细长玻璃管,可连续地根据需要放出不同体积的液体,并准确读出液体体积的量器。根据长度和容积的不同,滴定管可分为常量滴定管、半微量滴定管和微量滴定管。

常量滴定管容积有 50ml、25ml,刻度最小 0.1ml,最小可精确到 0.01ml。半微量滴定管容量 10ml,刻度最小 0.05ml,最小可精确到 0.01ml。其结构一般与常量滴定管较为类似。微量滴定管容积有 1ml、2ml、3ml、5ml、10ml 5 种规格,刻度最小 0.01ml,最小可精确到 0.001ml。此外,还有半微量半自动滴定管,它可以自动加液,但滴定仍需手动控制。

滴定管一般分为酸式滴定管和碱式滴定管。酸式滴定管又称具塞滴定管,它的下端有玻璃旋塞开关,用来装酸性溶液与氧化性溶液及盐类溶液,不能装碱性溶液如 NaOH 等。碱式滴定管又称无塞滴定管,它的下端有一根橡皮管,中间有一个玻璃珠,用来控制溶液的流速,用来装碱性溶液与无氧化性溶液。凡可与橡皮管起作用的溶液(如 $KMnO_4$、

K₂Cr₂O₇、碘液等)均不可装入碱式滴定管中。有些需要避光的溶液(如硝酸银溶液、高锰酸钾溶液)应采用棕色滴定管。使用不怕碱的聚四氟乙烯活塞的酸式滴定管也可以用于盛装碱液。

滴定管洗净后,先检查旋塞转动是否灵活,是否漏水。先关闭旋塞,将滴定管充满水,用滤纸在旋塞周围和管尖处检查。然后将旋塞旋转180°,直立2分钟,再用滤纸检查。如漏水,酸式滴定管涂凡士林;碱式滴定管使用前应先检查橡皮管是否老化,检查玻璃珠是否大小合适,若有问题,应及时更换。

滴定管使用前必须先洗涤,洗涤时以不损伤内壁为原则。洗涤前,先用自来水冲洗干净后,关闭旋塞,倒入约10ml洗液,打开旋塞,放出少量洗液洗涤管尖,然后边转动边向管口倾斜,使洗液布满全管。最后从管口放出(也可用铬酸洗液浸洗)。然后用自来水冲净。再用蒸馏水洗3次,每次10~15ml。碱式滴定管可以将管尖与玻璃珠取下,放入洗液浸洗。管体倒立入洗液中,用吸耳球将洗液吸上洗涤。滴定管在使用前还必须用操作溶液润洗3次,每次10~15ml,润洗液弃去。

用操作溶液洗涤后直接将操作溶液注入至零线以上,检查酸式滴定管活塞周围或碱式橡皮管部分是否有气泡。若有,酸式滴定管开大活塞使溶液冲出,排出气泡;碱式滴定管将管体竖直,左手拇指捏住玻璃珠,使橡胶管弯曲,管尖斜向上约45°,挤压玻璃珠处胶管,使溶液冲出,以排出气泡,见图2-5-9。

放出溶液后(装满或滴定完后),需等待1~2分钟方可读数。读数时,将滴定管从滴定管架上取下,左手捏住上部无液处,保持滴定管垂直,视线与弯月面最低点刻度水平线相切,见图2-5-10。若为有色溶液,其弯月面不够清晰,则读取液面最高点;若为蓝带滴定管,读数时以液面折射成的2个弯月角相交于中线上的一点为准。一般初读数为0.00或0~1ml之间的任一刻度,以减小体积误差。

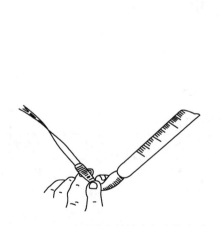

图2-5-9 碱式滴定管排出气泡的方法

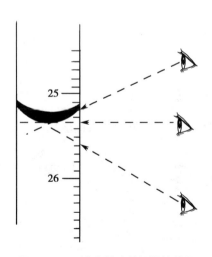

图2-5-10 滴定管读数视线的位置

滴定时,应将滴定管垂直地夹在滴定管夹上,滴定台应呈白色。使用酸式滴定管时,用左手控制旋塞,拇指在前,食指中指在后,无名指和小指弯曲在滴定管和旋塞下方之间的直角中。转动旋塞时,手指弯曲,手掌要空,见图2-5-11;使用碱式滴定管时,以左手握住滴定管,拇指在前,食指在后,用其他指头辅助固定管尖。用拇指和食指捏住玻璃珠所在部位,向前挤压胶管,使玻璃珠偏向手心,溶液就可以从空隙中流出。右手三指拿住瓶颈,瓶底离台约 2~3cm,滴定管下端深入瓶口约 1cm,微动右手腕关节摇动锥形瓶,边滴边摇使滴下的溶液混合均匀。摇动时手腕用力使瓶底沿顺时针方向画圆,要求使溶液在锥形瓶内均匀旋转,形成漩涡,溶液不能有跳动,管口与锥形瓶应无接触,见图 2-5-12。

图 2-5-11 酸式滴定管的操作　　图 2-5-12 滴定操作

液体流速由快到慢,起初可以"连滴成线",每秒 3~4 滴为宜,之后逐滴滴下,快到终点时则要半滴或 1/4 滴的加入,以免过量。半滴的加入方法:小心放下半滴滴定液悬于管口,在锥形瓶内壁靠一下,然后用洗瓶冲下。当锥形瓶内指示剂颜色达到指示终点时,立刻关闭活塞停止滴定。静置 1~2 分钟后,取下滴定管,右手执管上部无液部分,使管垂直,目光与液面平齐,读出读数(读数时应估读 1 位)。滴定结束,滴定管内剩余溶液应弃去,洗净滴定管,夹在滴定夹上备用。

第二节 其他仪器

一、仪器介绍

研钵、铁架台、坩埚等其他仪器的介绍见表 2-5-2。

表 2-5-2 其他仪器介绍

仪器	规格	主要用途	注意事项
研钵	1. 常用的为瓷质,也有玻璃、玛瑙、铁、氧化铝等材质 2. 规格以口径大小(mm)表示,如 60mm、75mm、90mm 等	研磨或混匀固体物质	1. 不能直接加热和用作反应容器 2. 研磨时不能捣碎(铁研钵除外),只能碾压,放入物质的量不宜超过容量的 1/3 3. 不能研磨易爆炸的物质 4. 按固体性质和硬度选用不同的研钵

续表

仪器	规格	主要用途	注意事项
铁夹 铁圈 铁架台	1. 为铁制品,铁夹也有铝制的,夹口常套橡皮或塑料 2. 铁圈以直径大小(cm)表示,如6cm、9cm、12cm等	用于固定或放置反应容器;铁圈还可代替漏斗架使用	1. 仪器固定在铁架台上时,仪器和铁架的重心应落在铁架台底盘中心 2. 铁夹夹持玻璃仪器时,不宜过紧,以免碎裂 3. 加热后的铁圈不能撞落或摔落在地,以免破裂
试管架	1. 有木质、铝质和塑料质等 2. 有多种规格	盛放试管用	1. 加热后的试管应用试管夹夹好悬放架上或稍冷后放入架中 2. 铝制试管架要防止酸碱腐蚀
试管夹	有木质和金属制品	加热时夹持试管用	1. 夹在试管上端离管口约2cm处 2. 要从试管底部套上或取下试管夹,不得横着套进套出 3. 加热时手握试管夹的长柄,不要同时握住长柄和短柄 4. 防止烧损或锈蚀
漏斗架	有木质、玻璃质和塑料质	过滤时用于放置漏斗	有孔板不能倒放
坩埚	1. 有瓷、石英、铁、镍、铂、玛瑙等材质 2. 规格以容量(ml)表示	灼烧固体用,随固体性质不同选用	1. 可直接灼烧到高温 2. 灼热的坩埚放置于石棉网上
坩埚钳	1. 铁或铜合金制品,表面常镀镍或铬 2. 有大小不同、形状不一的各种规格	用于夹持热的坩埚或蒸发皿	1. 避免与化学药品接触,以防腐蚀 2. 放置时应将钳子的尖端向上,以免玷污 3. 使用铂坩埚时,所用坩埚钳尖端要包有铂片

续表

仪器	规格	主要用途	注意事项
蒸发皿	1. 有瓷质、玻璃、石英、金属等制品。常用瓷质制品 2. 规格以口径大小(mm)表示,如60mm、80mm、95mm等,也有以容量大小(ml)表示	用于蒸发、浓缩和结晶,随蒸发温度的不同选用不同材质的蒸发皿	1. 浓缩时,溶液的量不能超过容积的2/3 2. 可垫石棉网加热,也可用火直接加热;加热前应擦干外壁,加热后不能骤冷 3. 不宜用蒸发皿中浓缩氢氧化钠等强碱溶液,以免腐蚀 4. 近蒸干时,停止加热,利用余热蒸干
石棉网	1. 由细铁丝编成,中间涂有石棉 2. 规格以铁网的边长(cm)表示,如16cm×16cm、23cm×23cm等	垫上石棉网加热,使受热均匀,避免局部过热	1. 避免和水接触,避免折叠 2. 用时检查石棉是否完好,石棉脱落者不能用
毛刷	1. 动物毛(或化学纤维)和铁丝制成 2. 按用途分为试管刷、烧瓶刷、滴定瓶刷等	用于洗刷玻璃仪器	1. 避免刷子顶端铁丝顶破玻璃仪器 2. 顶端无毛者不可使用 3. 不同的玻璃仪器要选择对应的试管刷
水浴锅	铜或铝制品	用于间接加热,也可用于控温实验	1. 根据反应容器的大小选择圈环 2. 加热时,注意锅内的水不可烧干 3. 用完后将水倒掉并擦干,以防腐蚀
药匙	牛角、塑料或不锈钢制成。有的药匙两端有一大一小2个勺	用于取用少量固体(粉末或颗粒)药品	1. 可根据取用量选择药匙规格 2. 取用时药匙须洁净干燥
三角架	铁质;有大小、高低之分	放置较大或较重的加热容器,作石棉网及仪器的支撑物	三角架的高度已固定,一般通过调节酒精灯的位置,使氧化焰刚好在加热容器的底部
泥三角	铁丝弯成,套以瓷管;有大小之分	坩埚或蒸发皿放在其上直接用火加热	1. 铁丝已断裂的不能使用 2. 灼热的泥三角要冷却后才能取下

二、酒精灯和温度计的使用

1. 酒精灯　酒精灯是实验室中最常用的加热灯具。酒精灯由灯罩、灯芯和灯体三部分组成，如图 2-5-13 所示。酒精灯的加热温度一般在 400~500℃，适用于温度不太高的实验。

酒精灯一般是玻璃材质的，其灯罩带有磨口，不用时要将灯罩罩上，以免酒精挥发。使用前要先检查灯芯，如果灯芯不齐或烧焦，要进行修整。酒精灯要用火柴点燃，决不能用燃着的酒精灯点燃(图 2-5-14)，否则易引起火灾。熄灭灯焰时，用灯罩将火盖灭，决不允许用嘴去吹灭。当灯中的酒精少于 1/4 时需添加酒精，添加时一定要先将灯熄灭，然后拿出灯芯，添加酒精，添加的量以不超过酒精灯容积的 2/3 为宜。长期不用的酒精灯，在第一次使用时，应先打开灯罩，用嘴吹去其中聚集的酒精蒸气，然后点燃，以免发生事故。

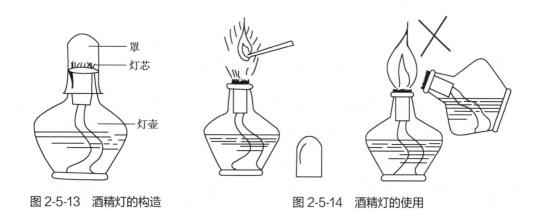

图 2-5-13　酒精灯的构造　　　　图 2-5-14　酒精灯的使用

2. 温度计　温度计是实验中用来测量温度的仪器。温度计一般用玻璃制成。实验室常用的温度计有酒精温度计、水银温度计和贝克曼温度计等。

酒精温度计和水银温度计的下端有一个玻璃球与上面的一根内径均匀的厚壁毛细管相连通，玻璃球很薄，容易破碎，使用时要轻拿轻放。管外刻有温度值，分格值为 1℃或 2℃，读数时可以再估读 1 位。每支温度计都有一定的测温范围，使用时首先要选择测温范围合适的温度计，防止被测物体温度过高时，液柱将温度计胀裂。在测温时，必须使温度计的感温泡与被测物体充分接触；如果测量液体的温度，则感温泡应全都浸没在液体中，而且不能与容器的底、壁相碰；刚测量过高温的温度计不能立即用冷水冲洗，以免水银球炸裂。温度计的水银球一旦被打裂，要立即用硫黄粉覆盖，避免有毒的汞蒸气挥发。温度计在读数时，要待温度计中的液面高度不再变化时才能进行，并且温度计不能离开被测物体，人的视线要跟液柱面相平。不能将温度计当作搅拌器使用，以免碰破感温泡。使用完毕应把温度计外壁用软布擦干净并小心轻放于盒内，防止磕碰。

贝克曼(Beckmann)温度计是一种用来精密测量体系始态和终态温度变化差值的水银温度计，主要用于精确测定微量的温度变化。测量范围为 −20~+120℃，刻度精细刻线间隔为 0.01℃，用放大镜可以估读至 0.001℃，因此测量精密度较高。它具有 2 个标度，主标度范围为 5℃，副标度范围为 −20~+120℃。由于贝克曼温度计没有固定温度点，所以不能单独用来测定实际温度，需协同另外一支标准温度计一起使用，才能测得精确的温度。贝克曼温度计为精密仪器，放置时要小心轻放，切勿倒置。

三、台秤的使用

台秤又称托盘天平,用于精确度要求不高(一般能称准到 0.1g)的称量。其构造如图
2-5-15 所示,使用方法如下:

1. 称量前检查　先将游码 8 拨至标尺
4 左端"0"处,观察指针 6 在分度盘 7 中心
线附近的摆动情况。如果指针 6 在分度盘
7 中心线附近左右摇动的距离几乎相等,即
表示台秤可以使用,否则调节托盘 3 下方的
平衡螺母 5(向里或向外拧动),使指针左右
摆动距离大致相等或停留在中心线上,称之
为零点。

2. 称量　称量物放左盘,砝码放右盘。
10g(或 5g)以上的砝码放在砝码盒内,加减
砝码必须用镊子夹取,最后通过移动游码来

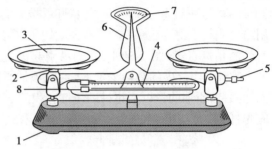

图 2-5-15　台秤

1.底盘　2.托盘架　3.托盘　4.标尺　5.平衡螺母
6.指针　7.分度盘　8.游码

调节,使指针在分度盘中心线左右两边摇摆的距离几乎相等或停留在中心线上为止,称之为
停点。记下砝码和游码在标尺上的刻度数值(至小数后第 1 位),两者相加即为所称物品的
质量。

3. 称量注意事项　托盘天平不能称热的物体;称量物不能直接放在托盘上,应视其性
质放在纸上、表面皿或其他洁净干燥的容器中进行称量;称量完毕,应把砝码放回砝码盒中,
并将游码退到刻度"0"处;取下盘上的物品,并将托盘放在一侧,或用橡皮圈架起,以免摆动;
经常保持托盘天平的清洁。

四、煤气灯的使用

煤气灯是利用煤气或天然气为燃料气的实验室常用的一种加热仪器,其加热温度较高,
可达 1 000℃。

(一) 煤气灯的构造

煤气灯主要由灯管和灯座组成,结构如图 2-5-16 所示。灯管的下部有螺旋,与灯座相连。
灯管下部还有几个气孔,为空气的入口。旋转灯管,即可完成
关闭或不同程度地开启气孔以调节空气的进入量。灯座的侧
面有煤气入口,可接上橡皮管把煤气导入灯内。灯座侧面还有
一螺旋形针形阀,用以调节煤气的进入量。

(二) 煤气灯灯焰性质

1. 正常火焰　当煤气完全燃烧时,生成不发光亮的无色
火焰,即为正常火焰。正常火焰明显地分为 3 个锥形区域[图
2-5-17(a)]:内层 1,空气和煤气进行混合但不燃烧,称作"焰
心";中层 2,煤气燃烧不完全,分解为含碳的产物,这部分火焰
具有还原性,称作"还原焰";外层 4,煤气燃烧完全,并由于含
有过量的空气,这部分火焰,具有氧化性,称作"氧化焰"。整个
火焰温度的最高点 3 是在还原焰上端的氧化焰部分。焰心温

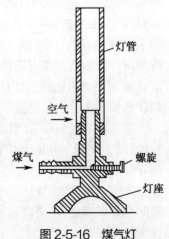

图 2-5-16　煤气灯

度低,约为 300℃;还原焰温度较高,火焰呈淡蓝色;氧化焰温度最高,火焰呈浅紫色。

2. 不正常火焰 当空气和煤气的进入量不合适,会产生不正常火焰。当煤气和空气的进入量都很大时,气流冲出管外,火焰在灯管上空燃烧,称为"临空火焰",如图 2-5-17(b)所示。引燃用的火柴熄灭时,它也随之熄灭。当煤气进入量很小,而空气进入量很大时,煤气不是在灯管口而是在灯管内燃烧,火焰呈绿色,并发出特殊的嘶嘶声,这种火焰称为"侵入火焰",如图 2-5-17(c)所示。有时在加热过程中,煤气量突然因某种原因而减少,也会产生侵入火焰,这种现象叫作"回火"。遇到临空火焰或侵入火焰产生时,应立即关闭煤气开关,重新调节空气或煤气的进入量后再点燃。

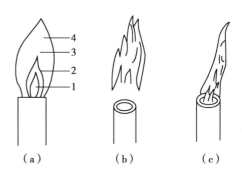

图 2-5-17 各种火焰
(a)正常火焰 (b)临空火焰 (c)侵入火焰
1. 焰心 2. 还原焰 3. 最高温 4. 氧化焰

(三)操作方法

点燃煤气时,应先关闭空气入口,擦燃火柴从下方斜向上放在灯管口边缘,然后打开煤气开关,将灯点燃。调节空气和煤气的进入量,使煤气燃烧完全,此时可得到淡紫色分层的正常火焰。

煤气灯调节好以后,如要减小火焰,应先把空气门调小,然后调小煤气门。关灯时,关闭煤气龙头即可。

(四)注意事项

1. 在一般情况下,加热试管中的液体时,温度不需要很高,这时可将空气量和煤气量调小些;在石棉网上加热烧杯中的液体时,需要较高温度,应用较大火焰,应以氧化焰加热。

2. 在调节火焰或加热过程中,由于某种原因出现不正常火焰(临空火焰或侵入火焰)时,一定要按上述操作关闭煤气灯,待灯管冷却后再重新点燃、调节。

3. 煤气量的大小,一般可用煤气龙头调节,也可用煤气灯旁边的螺旋调节。

五、酸度计的使用

(一)酸度计的组成

酸度计又称 pH 计,是一种通过测量电势差的方法测定溶液 pH 的常用仪器。除可测量 pH 外,还可用于测量氧化还原电对的电极电势及配合电磁搅拌器进行电位滴定等。酸度计有多种型号,如 pHS-25 型、pHS-2 型、pHS-3 型和 pHS-3TC 型等,结构稍有差别,但原理相同。不同类型的酸度计都是由参比电极(饱和甘汞电极,如图 2-5-18 所示)、测量电极(玻璃电极,如图 2-5-19 所示)和精密电位计三部分组成。将参比电极和测量电极合并在一起制成复合体,称为复合电极(图 2-5-20)。下面以 pHS-25 型数显酸度计(图 2-5-21)为例,介绍酸度计的工作原理及使用方法。其他型号酸度计的使用可具体参考各自的操作说明书。

(二)酸度计的工作原理

测定溶液的 pH 时,将测量电极(玻璃电极)和参比电极(饱和甘汞电极)同时浸入待测溶液中组成电池。参比电极作为标准电极提供标准电极电势,测量电极的电极电势随 H^+ 的浓度而改变。因此,当溶液中的 H^+ 浓度变化时,电动势就会发生相应变化。其电动势为:

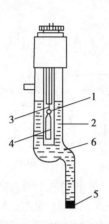

图 2-5-18 饱和甘汞电极

1.导线 2.绝缘体 3.内部电极 4.乳胶帽 5.多孔物质 6.饱和 KCl 溶液

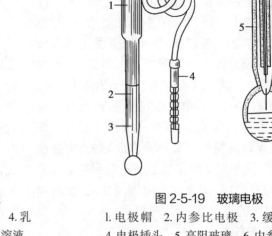

图 2-5-19 玻璃电极

1.电极帽 2.内参比电极 3.缓冲溶液 4.电极插头 5.高阻玻璃 6.内参比溶液 7.玻璃膜

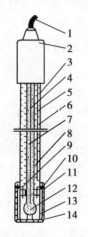

图 2-5-20 复合电极

1.电极导线 2.电极帽 3.电极塑壳 4.内参比电极 5.外参比电极 6.电极支持杆 7.内参比溶液 8.外参比溶液 9.液接面 10.密封圈 11.硅胶圈 12.电极球泡 13.球泡护罩 14.护套

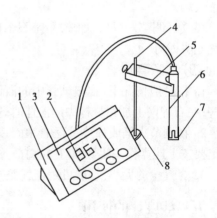

图 2-5-21 pHS-25 型酸度计结构示意图

1.机箱 2.显示屏 3.键盘 4.电极梗 5.电极夹 6.电极 7.电极套 8.电极梗固定座

$$E_{MF} = E_{正} - E_{负} = E_{参比} - E_{测量} = E_{参比} - \left\{ E_{测量}^{\ominus} + \frac{2.303RT}{nF} \lg [H^+] \right\} = E_{MF}^{\ominus} - \frac{2.303RT}{nF} \lg [H^+]$$

$$(2\text{-}5\text{-}1)$$

式中,R 表示摩尔气体常数;F 表示法拉第常数,T 表示热力学温度(K)。

其中,$E_{MF}^{\ominus} = E_{参比} - E_{测量}^{\ominus}$

25℃时,H^+ 的浓度可由式(2-5-1)计算得出:

$$pH = \frac{E_{MF} - E_{MF}^{\ominus}}{0.0592}$$

$$(2\text{-}5\text{-}2)$$

由于电极不对称电势的存在,用测量电极测定溶液的 pH 时一般采用比较法测定,通常是使用一个已知 pH 的标准缓冲溶液进行定位,即用酸度计测定其电动势 E_{MF},由式(2-5-2)求常数 $E_{MF}^{\ominus}$,然后就可根据待测溶液的 E_{MF} 值,换算该溶液的 pH。酸度计已将电动势 E_{MF} 用pH 表示,因此可在酸度计上直接读取溶液的 pH。实际测定时,先测一个已知 pH 的标准缓冲溶液得到一读数,然后测未知溶液得到另一读数,这两读数之差就是 2 种溶液 pH 之差。由于其中一个是已知的,另一个可算出。为方便起见,在仪器上使用定位调节器来抵消电极的不对称电势。当测量标准缓冲溶液时,利用定位调节器把指示电表指针调整到标准缓冲溶液的 pH 上,这样就使以后测量未知溶液时,指示电表指针的读数就是未知溶液的 pH,省去了计算手续。通常把前面一步称为"校准",后面一步称为"测量"。一台已经校准过的pH 计,在一定时间内可以连续测量许多未知液,但如果玻璃电极的稳定性还没有完全建立,经常校准还是必要的。

(三) pHS-25 型数显酸度计的使用方法

利用 pHS-25 型酸度计和复合电极测定溶液的 pH,可直接显示读数。其他类型的仪器原理类同。pHS-25 型酸度计结构示意图如图 2-5-21 所示。

pHS-25 型酸度计具体测量步骤如下:

1. 准备　仪器接通电源,预热 30 分钟,并将复合电极接到仪器上,固定在电极夹中。

2. 标定

(1) 把 pH-mV 开关转到 pH 位置,斜率调节旋钮调节在 100% 的位置(顺时针旋到底)。

(2) 按"温度"键,使仪器进入溶液温度调节状态(此时温度单位℃指示灯闪亮),按"△"键或"▽"键调节温度显示数值上升或下降,使温度显示值和标定溶液温度一致,然后按"确认"键,仪器确认溶液温度值后回到 pH 测量状态。

(3) 把用蒸馏水或去离子水清洗过的电极插入 pH = 6.86 的标准缓冲溶液中,按"标定"键,此时显示实测的 mV 值,待读数稳定后按"确认"键(此时显示实测的 mV 值对应的该温度下标准缓冲溶液的标称值),然后再按"确认"键,仪器转入"斜率"标定状态。

(4) 仪器在"斜率"标定状态下,把用蒸馏水或去离子水清洗过的电极插入 pH = 4.00(或pH = 9.18)的标准缓冲溶液中,此时显示实测的 mV 值,待读数稳定后按"确认"键(此时显示实测的 mV 值对应的该温度下标准缓冲溶液的标称值),然后再按"确认"键,仪器自动进入 pH 测量状态。

(5) 用蒸馏水清洗电极后即可对被测溶液进行测量。一般情况下,在 24 小时内仪器不需要再标定。

3. 测量　把电极用蒸馏水清洗,用滤纸吸干,然后插入待测溶液中,轻轻摇动烧杯,使待测液混合均匀,静置,读出该溶液的 pH。进行下一个新样品测定时,要重复上述步骤,再读数。

实验完成后,将电极取下浸入蒸馏水中,将短路插头插入输入端以保护仪器。

4. 注意事项

(1) 取下电极护套时,应避免电极的敏感玻璃泡与硬物接触,因为任何破损或擦毛都使电极失效。

(2) 每测完一个溶液的 pH 后,都要用蒸馏水清洗电极,并用滤纸吸干才能进行下一个溶液的测量。

(3) 测量结束,及时将电极保护套套上,电极套内应放少量饱和 KCl 溶液,以保持电极球泡的湿润,切忌浸泡在蒸馏水中。

(4) 复合电极不使用时,盖上橡皮塞,防止补充液干涸。

六、离心机的使用

(一) 离心机的工作原理

离心机是利用离心力,分离液体与固体颗粒或液体与液体的混合物中各组分的机器。离心机主要用于将悬浮液中的固体颗粒与液体分开,或将乳浊液中 2 种密度不同、又互不相溶的液体分开(如从牛奶中分离出奶油)。离心机也可用于排除湿固体中的液体,如用洗衣机甩干湿衣服。特殊的超速管式分离机还可分离不同密度的气体混合物。利用不同密度或粒度的固体颗粒在液体中沉降速度不同的特点,有的沉降离心机还可对固体颗粒按密度或粒度进行分级。

(二) 离心机的组成

实验室常用电动离心机有低速、高速离心机和低速、高速冷冻离心机,以及超速剖析、制备两用冷冻离心机等多种型号。其中,以低速(包括大容量)离心机和高速冷冻离心机应用最为普遍。下面以 80-2 台式电动离心机(图 2-5-22)为例介绍离心机的结构及使用方法。

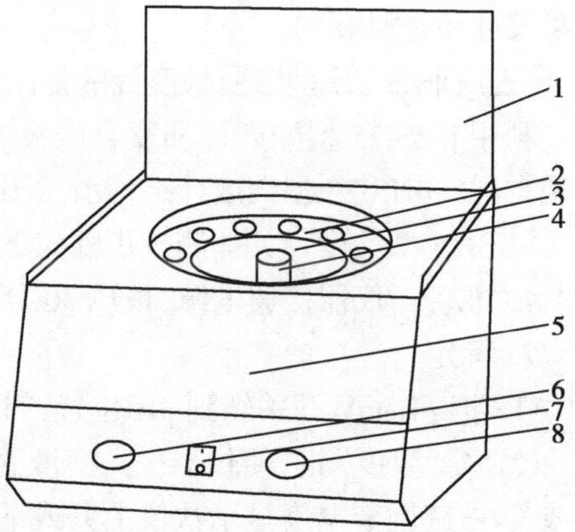

80-2 台式电动离心机属常规实验室用离心机,最高转速 4 000r/min,属低速台式离心机。该机由主机和附件组成。其中主机由机壳、离心室、驱动系统、控制系统等部分组成,转子和离心试管为附件。

图 2-5-22　80-2 台式电动离心机结构示意图
1.门盖　2.转子试管空　3.转子　4.主轴　5.外壳　6.调速旋钮　7.电源开关　8.时间旋钮

(三) 离心机的使用方法

1. 打开门盖,先将内腔及转头擦拭干净。

2. 将事先称量一致的离心试管放入试管套内,并成偶数对称放入转子试管孔内。

3. 关闭离心机盖,设定定时时间,合上电源开关。

4. 调节调速旋钮,升至所需转速。

5. 确认转子完全停转后,方可打开门盖,小心取出离心试管,完成整个分离过程。

6. 工作完毕,必须将调速旋钮置于最小位置,定时器置零,关掉电源开关,切断电源,擦拭内腔及转头,关闭离心机盖。

(四) 注意事项

1. 为确保安全和离心效果,仪器必须放置在坚固、防震、水平的台面上,并确保 4 只基脚均衡受力。

2. 工作前应均匀放入空心管,将机器以最高转速运行 1~2 分钟,发现无异常才可工作。

3. 离心试管必须对称放置,管内溶液必须均匀一致,连接转子与电机轴的螺钉必须拧紧。

4. 运行过程中不得移动离心机,严禁打开门盖。

5. 在电机及转子未完全停稳的情况下不得打开门盖。

6. 仪器必须有可靠接地。

7. 分离结束后,应及时将仪器擦拭干净,同时关闭仪器的电源开关,并拔掉电源插头。

(曹秀莲　张　强　姚　军)

第六章
其他基本操作

第一节 蒸 发

蒸发应视溶质的性质,分别采用直接加热或水浴加热的方法进行。对于固态时带有结晶水或低温受热易分解的物质,一般采用水浴加热法。蒸发浓缩通常在蒸发皿中进行,少数情况下亦可在烧杯中加热蒸发浓缩,但蒸发效率较差。应用蒸发皿蒸发浓缩溶液时应注意下列几点:

1. 蒸发皿内所盛液体的量不应超过容量的 2/3。
2. 蒸发溶液应缓慢进行,不能加热至沸腾。
3. 蒸发过程中应不断用搅棒刮下因体积缩小而留于液面边缘上的固体。
4. 溶液浓缩程度取决于溶质溶解度的大小以及对晶粒大小的要求,一般浓缩到表面出现晶体膜,冷却后即可结晶出大部分溶质。
5. 由蒸发皿倒出液体应从嘴沿搅棒倒出。

ER-2-6-1

蒸发

第二节 结 晶

一、重结晶

重结晶是使不纯物质通过重新结晶而获得纯化的过程,是提纯固体的重要方法之一。把待提纯的物质溶解在适当的溶剂中制成饱和或接近饱和的溶液,若溶液含有色杂质,可加活性炭煮沸脱色。过滤此溶液除去其中不溶物质及活性炭后进行蒸发浓缩,浓缩到一定浓度时,将滤液冷却,使结晶自过饱和溶液中析出,而杂质仍留在母液中。抽气过滤,从母液中将结晶分出,洗涤结晶以除去吸附的母液。所得的结晶,经干燥后测定熔点,当结晶一次所得物质的纯度不合要求时,可重复上述操作重新加入尽可能少的溶剂溶解晶体,经蒸发后再进行结晶,直至熔点不再改变。

二、溶液结晶

将滤液在冷水浴中迅速冷却并剧烈搅动时,可得到颗粒很小的晶体。小晶体包含杂质较少,但其表面积较大,吸附于其表面的杂质较多。若希望得到均匀而较大的晶体,可将滤液在室温或保温下静置,使之缓缓冷却。

有时由于滤液中焦油状物质或胶状物存在,使结晶不易析出,或因形成过饱和溶液也不析出结晶。在这种情况下,可用玻璃棒摩擦器壁以形成粗糙面,使溶质分子呈定向排列而形成结晶(较在平滑面上迅速和容易);或者投入晶种(同一物质的晶体。若无此物质的晶体,可用玻璃棒蘸一些溶液稍干后即会析出结晶),供给定型晶核,使晶体迅速形成。

有时被纯化的物质呈油状析出,油状物长时间静置或足够冷却后虽也可以固化,但这样的固体往往含有较多杂质(杂质在油状物中溶解度常较在溶剂中溶解度大;其次,析出的固体中还会包含一部分母液),纯度不高,用溶剂大量稀释,虽可防止油状物生成,但会使产物大量损失。这时可将析出的油状物的溶液加热重新溶解,然后慢慢冷却。一旦油状物析出时便剧烈搅拌混合物,使油状物在均匀分散的状况下固化,此时包含的母液就大大减少。但最好还是重新选择溶剂,得到有晶形的产物。

三、显微结晶反应

由于各种晶体都有特征的晶形,故可用显微镜观察反应生成的晶体形状,并很快判断某种离子是否存在的结论。

操作方法如下:在干燥的显微镜载片上,将试液滴于载片的中央,若试液浓度过稀,需要浓缩后才能结晶,用试管夹夹载片的一端在石棉网的上方来回移动使其在载片上受热缓慢蒸发至干,冷却后,相距2cm左右加1滴试剂,然后用细的玻璃棒使试剂与试液发生缓慢的反应生成晶体。观察晶形时,应将过多的溶液用滤纸吸去。观察生成的晶体须用显微镜。

使用显微镜的方法如下:

1. 选择放大倍数合适的目镜及物镜(放大总倍数为目镜和物镜放大倍数之乘积)。
2. 调好反光镜,使目镜内照明良好。
3. 在载物台上放好载片。载片背面应擦干,以免污染物台。载片应夹好以防滑动。
4. 调节物镜最低至离载片5mm左右,然后用左眼看目镜并缓慢升高镜筒,直至呈现清晰的物像为止。若镜筒升至最高仍未看到物像,应重新将镜筒降至离载片5mm后重新调节,绝不可在观察时下降镜筒,以防物镜触及载片。
5. 目镜及物镜若被污染,应当用擦镜纸,不能用一般的纸或布擦。显微镜不用时应放在箱内,物镜放在专用盒中。

第三节　过　　滤

常用的过滤方法有常压过滤、热过滤和减压过滤等。

一、常压过滤

常压过滤是一种最简单和常用的过滤方法。常压过滤的装置如图2-6-1所示。操作时应根据沉淀性质选择滤纸,一般粗大晶形沉淀用中速滤纸,细晶或无定形沉淀用慢速滤纸,沉淀为胶体状时应用快速滤纸。所谓快慢之分是按滤纸孔隙大小而定,快则孔隙大。使用滤纸时,沿圆心对折2次,呈直角扇形四层。按三层一层比例打开呈60°角圆锥形,置于漏斗中应与漏斗夹角相吻合,且要求滤纸边缘应低于漏斗沿0.5~1.0cm。撕去三层边的外两层滤纸折角的小角,手指压置滤纸与漏斗壁相贴,再用洗瓶加水润湿滤

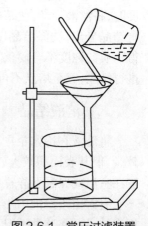

图2-6-1　常压过滤装置

纸,并驱赶夹层气泡。然后加水到满,在漏斗颈内应形成水柱,以便过滤时该水柱重力可起到抽滤作用,加快过滤速度。若不能形成水柱,可用手指堵漏斗颈下口,稍掀滤纸一边,沿空隙注入水直至水柱形成,再压紧滤纸,松开颈下手指即可形成水柱。若再不行,应考虑换颈细的漏斗。

过滤时,置漏斗于漏斗架上,漏斗颈与接收容器紧靠,用玻璃棒贴近三层滤纸一边,首先沿玻璃棒倾入沉淀上层清液,漏斗中液面应低于滤纸上沿 0.5cm 左右。之后,将沉淀用少量洗涤液搅拌洗涤,静置沉淀,再如上法倾出上清液。如此多次洗涤沉淀后,即可加少量洗涤液混匀沉淀,全部倾入漏斗中。最后洗涤烧杯中残余沉淀几次,分别倾入漏斗,使沉淀全部转移至滤纸上,达到固液分离。

常压过滤

二、热过滤

热过滤是为了防止热溶液在过滤中,由于受冷而使某些溶质自溶液中结晶析出,采取的一种常压过滤装置,其与常温常压过滤装置类同,区别仅是在普通漏斗外,套装一热漏斗。它可根据过滤要求,恒定玻璃漏斗温度。漏斗采用短颈或无颈漏斗。为加快过滤要求,其滤纸折叠时,先对折成双层半圆,再来回对折成不同等份呈折叠扇面形,拉开双层即成菊花形滤纸(图 2-6-2)。过滤操作与常压法基本相同。热过滤装置见图 2-6-3。

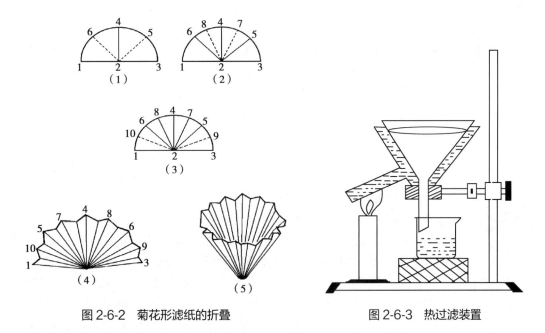

图 2-6-2 菊花形滤纸的折叠   图 2-6-3 热过滤装置

三、减压过滤

减压过滤俗称吸滤或抽滤。减压可以加速过滤,提高沉淀干燥程度。该法虽然速度快,但不适合于胶状沉淀和颗粒很细的沉淀。常用的减压过滤装置如图 2-6-4 和图 2-6-5 所示。过滤器一般选用带瓷孔的布氏漏斗或玻璃砂芯漏斗。安装时应注意:布氏漏斗中滤纸的直径应略小于漏斗之底,漏斗与抽滤瓶(接收母液用)间用环形橡皮塞密封,再通过缓冲瓶与抽气泵相接,借助泵的减压作用实现抽滤。

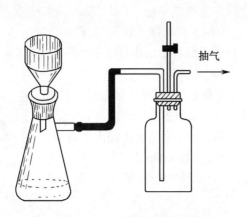

图 2-6-4　减压过滤装置(带安全瓶)

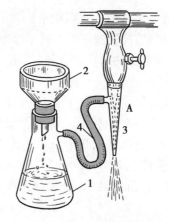

图 2-6-5　减压过滤装置

1.抽滤瓶　2.布氏漏斗　3.水抽气泵　4.橡皮管　A.窄口

它是由减压单元(水抽气泵)和过滤单元通过橡皮管相连而组成。水抽气泵的工作原理是水泵内有一窄口 A,当水流急剧流经窄口时,水即把空气带出,使吸滤瓶内的压力减小,在布氏漏斗内的滤纸面上下形成压力差,从而提高滤速。减压单元除用水抽气泵外,也可用循环水真空泵(图 2-6-6)抽气。该泵以循环水为工作流体,利用流体射流技术产生负压。需要过滤时,只需将该仪器接通电源,在仪器的抽气头处即会产生很强的吸力,用橡皮管将抽气头和过滤单元相连,就可实施吸滤操作了。

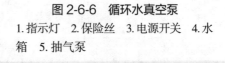

图 2-6-6　循环水真空泵

1.指示灯　2.保险丝　3.电源开关　4.水箱　5.抽气泵

减压过滤操作过程如下:

减压过滤

1. 按布氏漏斗内径的大小选择比它底部略小的圆形滤纸,恰好掩盖住漏斗的磁孔,先用少量水或相应的溶剂润湿,使它紧贴漏斗不留孔隙,然后开启水泵或微开水龙头,按图 2-6-4 或图 2-6-5 装置连好(注意漏斗端的斜口应对着吸滤瓶的吸气嘴),滤纸便吸紧在漏斗上。

2. 过滤时,先将上部澄清液沿着玻璃棒注入漏斗中(注意:溶液不要超过漏斗总容量的2/3),然后再将晶体或沉淀转入漏斗进行抽滤。未能完全转移的固体应用母液冲洗再行转移,而不能用水或相应的溶剂,以减少沉淀的损失。抽滤瓶中滤液高度不得超过吸气嘴。抽滤过程中,不得突然关闭水泵,以免自来水倒灌。

3. 在漏斗内洗涤沉淀时,应停止抽滤,加入洗涤液湿润沉淀(如沉淀较多或颜色异常,可用药勺或玻璃棒轻轻松动一下沉淀),然后再行抽滤和压干。

4. 过滤完毕,应该先将抽滤瓶支管上的橡皮管拔下,停止抽滤。然后再关上水泵,否则水将倒吸。为了防止倒吸而使滤液玷污,也可在吸滤瓶与抽气水泵之间装一个安全瓶(图2-6-4)。

●(吴巧凤　张凤玲　史锐)

第三部分

实验选编

◈◈◈ **实验一** ◈◈◈

基本操作训练

(一) 实验目的

1. 认知无机化学实验中常用的仪器,熟悉其名称及规格,了解其使用注意事项。

2. 学习常用仪器的洗涤和干燥基本操作。

3. 熟悉无机化学实验中的安全常识、基本要求等。

4. 掌握试管、酒精灯、托盘天平、量筒、移液管、容量瓶、离心机、布氏漏斗、抽滤瓶等仪器的使用,以及固体的称取、加热、移液、配液、离心、过滤等基本操作。

(二) 仪器与试剂

1. **仪器** 试管、离心试管、试管夹、试管架、试管刷、烧杯、锥形瓶、表面皿、蒸发皿、玻璃漏斗、布氏漏斗、抽滤瓶、点滴板、移液管、洗耳球、容量瓶、酸式滴定管、碱式滴定管、滴定台、量筒或量杯、托盘天平及砝码、胶头滴管、玻璃棒、药匙、研钵和杵、洗瓶、酒精灯(或煤气灯)、坩埚、泥三角、三脚架、石棉网、铁架台、铁圈、铁夹、水浴锅、离心机。

2. **试剂** $K_2CrO_7(s)$、浓 H_2SO_4、$CaCl_2$ 固体、酒精、1.0mol/L H_2SO_4 溶液。

3. **其他** 去污粉、去离子水、火柴、滤纸。

(三) 实验内容

1. **安全教育** 熟悉无机化学实验室的实验环境,阅读实验室各项规章制度,注意水、电、燃气等的使用。

2. **仪器认领** 认领无机化学实验常用仪器,熟悉其名称及规格,检查其有无破损,了解其使用注意事项。

3. **清洗仪器** 对于试管、烧杯、量筒、锥形瓶等玻璃仪器,可在容器中先注入 1/3 左右的自来水,选用大小合适的刷子蘸取去污粉进行刷洗,然后用自来水冲洗至无泡沫,若仪器内壁的水既不聚成水滴也不成股流下,则表明仪器已经清洗干净;反之,则应继续刷洗。清洗干净后再用少量去离子水冲洗 2~3 次,洗涤时要遵循少量多次的原则。

将认领的仪器进行清洗,洗净后将仪器倒置一会儿,整齐地放在实验柜内。洗净的烧杯、蒸发皿、漏斗等倒置在白纸上,试管、离心试管、小量筒等倒置在试管架上。

4. **干燥仪器** 玻璃仪器常用的干燥方法有晾干、烤干、烘干、吹干等方法。练习用烤干法干燥刚洗净的试管和烧杯(100ml)各 1 个。

烤干:用酒精灯或煤气灯烤干。烧杯或蒸发皿可置于石棉网上用火烤干。

5. **酒精灯的使用** 酒精灯是实验中常用的加热装置,其火焰温度通常可达 400~500℃。实验中要了解酒精灯的构造,掌握其正确的使用方法,练习使用酒精灯进行加热。向前面洗净并干燥过的试管里加入去离子水(水的体积不超过试管容积的 1/3),用试管夹夹住试管,使试管与桌面成 45°角进行加热。

6. **托盘天平的使用** 实验室常用托盘天平称量固体药品,其精度一般为 0.01g。实验中要了解托盘天平的构造,掌握调零和称量操作。练习使用托盘天平称量 3~5g(称准到 0.1g) $CaCl_2$ 固体,放入前面洗净并干燥过的 100ml 烧杯中备用。

7. 量器和移液管的使用

(1)用量筒量取 100ml 去离子水加入盛有 $CaCl_2$ 固体的烧杯中,用玻璃棒进行搅拌使晶体溶解,配成 $CaCl_2$ 溶液。也可采用加热的方法加速溶解,取三脚架,上面放石棉网,将烧杯置于石棉网上,在网下用酒精灯进行加热,边加热边搅拌,直至完全溶解为止。

(2)用 25ml 移液管正确移取 1.0mol/L H_2SO_4 溶液 25ml 放入 50ml 容量瓶中,按容量瓶的正确使用方法,加去离子水至刻度混合均匀。

8. 离心操作 取洗净的离心试管 1 支,用胶头滴管滴加前面配好的 $CaCl_2$ 溶液 1ml 和稀 H_2SO_4 溶液 0.5ml,边滴加边振摇;另取 1 支相同规格的离心试管,装入等体积的水,对称地放入离心机套管内,然后慢慢启动离心机,进行沉淀的离心操作。离心后,用一干净的胶头滴管将清液吸出,转移至另一支干净的试管中(注意滴管插入的深度,尖端不应接触沉淀),这样就可将沉淀与清液分开。必要时还应对沉淀进行洗涤,即将少量的去离子水加入到沉淀中,轻轻搅拌均匀后,再离心操作。反复几次,直到达到要求为止。

9. 减压过滤操作 取减压离心装置一套,将滤纸剪成直径略小于布氏漏斗内径(约 1~2mm)的圆形,平铺在布氏漏斗带孔的瓷板上,再用洗瓶挤少许去离子水湿润滤纸,接着开启循环水式真空泵,使滤纸紧贴在布氏漏斗的瓷板上。然后将前面配制好的 $CaCl_2$ 溶液和 H_2SO_4 溶液充分混合后慢慢地沿玻璃棒倾入布氏漏斗中,进行抽滤。抽滤完毕,先将吸滤瓶和安全瓶拆开,再关闭循环水泵的开关。最后将布氏漏斗从吸滤瓶上拿下,用玻璃棒或药匙将沉淀移入盛器内。

(四)实验提示

1. 酒精灯必须在灯熄后才能用漏斗加酒精,体积不能超过灯身体积的 3/4。

2. 用火柴点燃酒精灯,不可以用另一个酒精灯来点燃,以免发生火灾或其他事故;熄灯时,不能用嘴吹,要盖上灯罩熄灭。

3. 酒精灯不用时或用完后要随时盖上灯罩,以防酒精蒸发。

4. 离心试管中加入的试样量不要超过离心试管容积的 1/2。

5. 在抽气过滤过程中,必须注意整个装置的气密性;完毕后应先将连接吸滤瓶的橡皮管拔下,然后关闭水龙头,以防止倒吸。

(五)实验思考

1. 玻璃仪器洗净的标准是什么?

2. 玻璃仪器有哪些常用干燥方法?有刻度的玻璃仪器能用烤干法进行干燥吗?

3. 怎样对离心后的沉淀进行洗涤?

4. 减压过程中,安全瓶的作用是什么?

(卞金辉 李德惠 付 强)

实验二

电解质溶液

（一）实验目的

1. 了解强、弱电解质解离的区别及同离子效应。
2. 熟悉缓冲溶液的配制及其性质。
3. 熟悉弱酸、弱碱及两性物质的质子传递平衡及其平衡移动的基本原理和应用。
4. 熟悉难溶强电解质的沉淀溶解平衡及其平衡移动的原理。
5. 学习离心分离和 pH 试纸的使用等基本操作。

（二）实验原理

1. 强、弱电解质的区别及同离子效应　强电解质在水中完全解离。

弱电解质如弱酸或弱碱，在水溶液中存在下列质子传递平衡，可简写为：

$$HA \rightleftharpoons H^+ + A^- \qquad K_a^\ominus = \frac{[H^+][A^-]}{[HA]}$$

$$BOH \rightleftharpoons B^+ + OH^- \qquad K_b^\ominus = \frac{[B^+][OH^-]}{[BOH]}$$

$K_a^\ominus$、$K_b^\ominus$ 分别为达到平衡时弱酸和弱碱的质子传递平衡常数，也称解离常数。在此平衡体系中，若加入含有相同离子（B^+ 或 A^-）的强电解质，则平衡向生成 BOH 或 HA 分子的方向移动，使弱电解质的解离度降低，这种效应叫作同离子效应。

2. 缓冲溶液　弱酸及其共轭碱（如 HA 和 NaA）或弱碱及其共轭酸（如 BOH 和 BCl）的混合溶液，能在一定程度上对少量外来的强酸或强碱起缓冲作用，即当外加少量的酸、碱或少量水稀释时，此混合溶液的 pH 保持基本不变，这种溶液叫作缓冲溶液。

3. 离子酸、碱及两性物质的质子传递平衡　离子酸（碱）和水发生质子传递反应生成相应共轭碱（酸）而显酸碱性。例如：NH_4Cl 水溶液显酸性，NaAc 或 NaCN 水溶液显碱性。

两性物质（如 $H_2PO_4^-$、HPO_4^{2-}、HCO_3^-、NH_4Ac 等）在溶液中存在给出质子和接受质子的 2 个质子传递平衡。两性物质水溶液的酸碱性，可以根据 $K_a^\ominus$ 和 $K_b^\ominus$ 的相对大小来判断。若 $K_a^\ominus > K_b^\ominus$，则其给出质子的能力大于接受质子的能力，水溶液显酸性，如 $H_2PO_4^-$、NH_4F；若 $K_a^\ominus < K_b^\ominus$，则其给出质子的能力小于接受质子的能力，溶液显碱性，如 HPO_4^{2-}、HCO_3^-、NH_4CN；若 $K_a^\ominus = K_b^\ominus$，则其给出质子的能力等于接受质子的能力，溶液显中性，如 NH_4Ac。

酸碱质子传递平衡是一动态平衡，温度、浓度、酸度等外界条件的改变都会使平衡发生移动。

4. 沉淀平衡、溶度积规则

（1）溶度积：在难溶强电解质的饱和溶液中，未溶解的固体及溶解的离子间存在着多相平衡，即沉淀 - 溶解平衡。如

$$PbCl_2(s) \rightleftharpoons Pb^{2+} + 2Cl^-$$
$$K_{sp}^{\ominus} = [Pb^{2+}][Cl^-]^2$$

$K_{sp}^{\ominus}$ 表示在一定温度下,难溶强电解质的饱和溶液中难溶强电解质的相对离子浓度幂的乘积,叫作溶度积常数,简称溶度积。

(2) 溶度积规则:根据溶度积规则,可以判断当几种物质混合在一起时,是否有沉淀的生成或溶解。如硝酸铅溶液加氯化钠溶液,则有:

$Q = c_{Pb^{2+}} \cdot c_{Cl^-}^2 > K_{sp,PbCl_2}^{\ominus}$ 有沉淀析出或溶液过饱和;

$Q = c_{Pb^{2+}} \cdot c_{Cl^-}^2 = K_{sp,PbCl_2}^{\ominus}$ 溶液恰好饱和或达到沉淀 - 溶解平衡;

$Q = c_{Pb^{2+}} \cdot c_{Cl^-}^2 < K_{sp,PbCl_2}^{\ominus}$ 无沉淀析出或沉淀溶解。

(3) 分步沉淀:当 2 种或 2 种以上的混合离子都能与加入的沉淀剂生成沉淀时,混合离子先、后沉淀的现象称为分步沉淀。沉淀的先后次序取决于所需沉淀剂浓度的大小。所需沉淀剂离子浓度较小的先沉淀,所需沉淀剂离子浓度较大的后沉淀。对于同类型的沉淀,若被沉淀离子的浓度相差不大,则 $K_{sp}^{\ominus}$ 小的先沉淀,$K_{sp}^{\ominus}$ 大的后沉淀;对于不同类型的沉淀,因有不同幂次的关系,不能直接根据 $K_{sp}^{\ominus}$ 的大小来判断沉淀的先后次序,而必须根据计算结果确定。

(4) 沉淀的转化:使一种难溶电解质转化为另一种难溶电解质的过程,叫作沉淀的转化。一般来说,同类型的难溶电解质,溶度积较大的容易转化为溶度积较小的。

(三)仪器与试剂

1. 仪器　试管、试管架、试管夹、离心试管、小烧杯(50ml)、量筒(10ml)、洗瓶、点滴板、玻璃棒、酒精灯(或水浴锅)、离心机。

2. 试剂　HAc(0.1mol/L)、HCl(0.1mol/L)、NH₃·H₂O(2mol/L)、MgCl₂(0.1mol/L)、NH₄Cl(饱和溶液)、NaOH(0.1mol/L)、HAc(0.5mol/L)、NaAc(0.5mol/L)、Na₂CO₃(0.1mol/L)、NaCl(0.1mol/L)、Al₂(SO₄)₃(0.1mol/L)、Na₃PO₄(0.1mol/L)、Na₂HPO₄(0.1mol/L)、NaH₂PO₄(0.1mol/L)、酚酞(1%)、HCl(6mol/L)、Pb(NO₃)₂(0.001mol/L、0.10mol/L)、NaCl(0.001mol/L、0.1mol/L)、KI(0.1mol/L)、K₂CrO₄(0.1mol/L)、AgNO₃(0.1mol/L)、NH₄Cl(s)、SbCl₃(s)、锌粒、广泛 pH 试纸、精密 pH 试纸(3.8~5.4)。

(四)实验内容

1. 强、弱电解质溶液的区别及同离子效应

(1) 取 2 支试管,分别加入 1ml 0.1mol/L HCl 溶液或 0.1mol/L HAc 溶液,用 pH 试纸测定两溶液的 pH,并与计算值相比较。再分别加入一小颗锌粒(如锌粒细小可多加几粒),观察现象;再用酒精灯(或水浴)加热试管,观察哪支试管中产生氢气的反应比较剧烈。由实验结果比较 HCl 和 HAc 的酸性有何不同?为什么?

强、弱电解质比较

(2) 取 2 支试管,各加入 1ml 蒸馏水,2 滴 2mol/L NH₃·H₂O 溶液,再滴入 1 滴酚酞溶液,混合均匀,观察溶液显什么颜色。在其中一支试管中加入 1/4 小勺 NH₄Cl 固体,摇荡使之溶解,观察溶液的颜色,并与另一支试管中的溶液比较,有何变化? 为什么?

同离子效应

(3) 取 2 支小试管,各加入 5 滴 0.1mol/L MgCl₂ 溶液,其中一支试管中再加入 5 滴饱和 NH₄Cl 溶液,另一支试管加 5 滴水,然后分别在 2 支试管中各加入 5 滴 2mol/L NH₃·H₂O,观察 2 支试管中发生的现象有何不同,写出有关反应式并说明原因。

2. 缓冲溶液的配制和性质

(1) 取 2 支试管各加入 3ml 蒸馏水,用 pH 试纸测定其 pH,在其中一支试管中加入 5 滴 0.1mol/L HCl 溶液,在另一支试管中加入 5 滴 0.1mol/L NaOH 溶液,分别测定它们的 pH,填入表 3-2-1。

缓冲溶液的
配制和性质

(2) 在 1 个 50ml 小烧杯中,用量筒准确量取 5ml 0.5mol/L HAc 和 5ml 0.5mol/L NaAc 溶液,用玻璃棒搅匀,配制成 HAc-NaAc 缓冲溶液。用 pH 试纸测定该溶液的 pH(可用 pH 3.8~5.4 精密试纸),填入表 3-2-1,并与理论计算值比较。

(3) 取 3 支试管,各加入此缓冲溶液 3ml,然后分别加入 5 滴 0.1mol/L HCl 溶液、0.1mol/L NaOH 溶液及 5 滴蒸馏水,再用 pH 试纸分别测定其 pH。将实验测定值和理论计算值分别填入表 3-2-1,并与原缓冲溶液的 pH 进行比较,观察 pH 有何变化。

表 3-2-1 缓冲溶液的配制实验结果

pH / 体系	3ml 蒸馏水加 5 滴			缓冲溶液	3ml 缓冲溶液加 5 滴		
	蒸馏水	HCl	NaOH	HAc-NaAc	蒸馏水	HCl	NaOH
实验测定值							
理论计算值							

比较上述实验结果,并总结缓冲溶液的性质。

3. 离子酸、碱及两性物质的质子传递平衡

(1) 离子酸、碱与溶液的酸碱性

1) 点滴板中分别滴入 0.1mol/L Na_2CO_3 溶液、NaCl 溶液及 $Al_2(SO_4)_3$ 溶液,用 pH 试纸检验它们的酸碱性。将实验测定值和理论计算值填入表 3-2-2 中。写出水解的离子方程式,并解释之。

2) 点滴板中分别滴入 0.1mol/L Na_3PO_4 溶液、Na_2HPO_4 溶液、NaH_2PO_4 溶液,用 pH 试纸检验它们的酸碱性。将实验测定值和理论计算值填入表 3-2-2 中。酸式盐是否都呈酸性,为什么?

表 3-2-2 离子酸、碱与溶液的酸碱性实验结果

pH / 0.1mol/L 溶液	Na_2CO_3	NaCl	$Al_2(SO_4)_3$	Na_3PO_4	Na_2HPO_4	NaH_2PO_4
实验测定值						
理论计算值						
结论						

(2) 影响酸碱质子传递平衡的因素

1) 温度的影响:在 2 支试管中分别加入 1ml 0.5mol/L NaAc 溶液,并各加入 3 滴酚酞溶液,将其中一支试管用酒精灯(或水浴)加热,观察颜色的变化。冷却后颜色有何变化?为什么?

2) 酸度的影响:将少量 $SbCl_3$ 固体(取绿豆大小即可)加到盛有蒸馏水的试管中,有何现象产生?用 pH 试纸检验溶液的酸碱性。另取一支试管,加入少量上述水解液(含沉淀),然

后加入数滴 6mol/L HCl 溶液,边滴边摇,观察沉淀量是否减少。在此溶液中加水稀释,又有什么变化? 解释上述现象,写出反应方程式。

3) 相互影响:取 2 支试管,分别加入 1.5ml 0.1mol/L Na_2CO_3 溶液及 1ml 0.1mol/L $Al_2(SO_4)_3$ 溶液,迅速混合。观察有何现象,写出离子反应方程式。

离子酸、碱及两性物质的质子传递平衡

4. 沉淀 - 溶解平衡

(1) 在离心试管中加入 1ml 0.1mol/L $Pb(NO_3)_2$ 溶液,再加入 2ml 0.1mol/L NaCl 溶液,观察沉淀的生成和颜色,备用。

(2) 在离心试管中加入 5 滴 0.001mol/L $Pb(NO_3)_2$ 溶液,5 滴 0.001mol/L NaCl 溶液,观察有无沉淀生成。

(3) 将实验(1)的离心试管离心分离,取出上清液至另一离心试管中。观察离心试管中沉淀的颜色。向沉淀中滴加 0.1mol/L KI 溶液并用玻璃棒搅拌,观察沉淀的颜色变化。在承接上清液的试管中加入 3 滴 0.1mol/L K_2CrO_4 溶液,观察现象。说明原因并写出有关反应方程式。

(4) 在点滴板的两孔中分别加入 1 滴 0.1mol/L NaCl 溶液和 0.1mol/L K_2CrO_4 溶液,再向其中滴入 1 滴 0.1mol/L $AgNO_3$ 溶液,观察沉淀的生成及颜色。取 1 支离心试管,加入 3 滴 0.1mol/L NaCl 溶液和 1 滴 0.1mol/L K_2CrO_4 溶液,稀释至 1ml,摇匀,逐滴加入 0.1mol/L $AgNO_3$ 溶液(约 3 滴),观察沉淀颜色变化,待下一沉淀将要产生前离心,将上清液吸入另一离心试管中,再加入几滴 0.1mol/L $AgNO_3$ 溶液,会出现什么颜色的沉淀? 试根据沉淀颜色的变化(并通过有关溶度积的计算),判断哪一种沉淀先生成。

(5) 向试管中加入 10 滴 0.1mol/L $MgCl_2$ 溶液,并滴加数滴 2mol/L $NH_3 \cdot H_2O$ 至刚有沉淀出现。再加入少量 NH_4Cl 固体,振摇,观察沉淀是否溶解。用离子平衡移动的观点解释上述现象。

(五) 实验提示

1. 预习液体试剂的取用。严禁将滴瓶中的滴管伸入试管内,或用试验者的滴管到试剂瓶中吸取试剂,以免污染试剂。取用试剂后,必须把滴管放回原试剂瓶中,不可置于实验台上,以免弄混及交叉污染试剂。

2. 预习 pH 试纸的使用。pH 试纸使用时,用洗净的玻璃棒蘸取待测溶液,滴在试纸上,观察其颜色的变化并与比色卡对照。注意:禁止将 pH 试纸投入被测试液中测试。

3. 预习试管的使用。试管盛液体加热时,液体量一般以不超过试管体积的 1/3 为宜。试管夹应夹在距管口 1~2cm 处,然后斜持试管,从液体的上部开始加热,再过渡到试管下部,不断地晃动试管,以免由于局部过热而导致液体喷出、或受热不均使试管炸裂。加热时,应注意试管口倾斜 45°,并指向无人处。

4. 性质实验操作时应注意试剂的用量,量少可能观察不到现象。

5. 预习离心机的使用,注意保持平衡,调整转速时不要过快。

6. 预习酒精灯的使用,注意安全。

7. 锌粒回收至指定容器中。

(六) 实验思考

1. 为什么有的两性物质的溶液呈弱碱性,而有的却呈弱酸性?

2. 同离子效应对弱电解质的解离度和难溶电解质的溶解度各有什么影响?

3. 什么是溶度积规则? 沉淀的溶解和转化的条件是什么?

4. 使用离心机和 pH 试纸应注意哪些事项?

(关 君　付 强　阿合买提江·吐尔逊)

实验三

碳酸钠溶液的配制和浓度标定的训练

（一）实验目的

1. 熟悉配制一定浓度的溶液的基本方法。
2. 掌握用滴定法测定溶液浓度的原理和基本操作方法。
3. 学习并掌握滴定管和移液管的使用。

（二）实验原理

配制一定浓度的溶液的方法有多种，一般根据溶质的性质而定。某些易于提纯而稳定不变的物质，可以精确称取其纯固体，并通过容量瓶等仪器直接配制成所需的一定体积的准确浓度的溶液。某些不易提纯的物质，可先配制成近似浓度的溶液，然后用已知一定浓度的标准溶液来标定。

溶液浓度的滴定：用移液管或吸量管准确量取一定体积的待测溶液，然后由滴定管放出已知准确浓度的标准溶液，使它们相互作用达到反应的计量点，并由此计算出待测溶液的浓度，这种操作称为滴定。

反应终点通常是利用指示剂来确定的。指示剂应能在反应计量点附近有明显的颜色变化。本实验选用甲基橙作指示剂，用已知浓度的 HCl 标准溶液来滴定 Na_2CO_3 溶液。甲基橙在 $pH \geqslant 4.4$ 时呈黄色，在 $3.1 < pH < 4.4$ 时呈橙色，在 $pH \leqslant 3.1$ 时呈红色。刚开始滴定时，由于 Na_2CO_3 水解后显碱性，甲基橙在 Na_2CO_3 溶液中是黄色。当全部 Na_2CO_3 与 HCl 作用达到计量点时，溶液为弱酸性，此时溶液仍为黄色，只要有稍过量的 HCl 溶液，溶液酸性就会明显增强，直到溶液 $3.1 < pH < 4.4$，甲基橙即由黄色变为橙色。此时即确定反应已达到滴定终点。该滴定反应方程式为：

$$Na_2CO_3 + 2HCl === 2NaCl + CO_2\uparrow + H_2O$$

由于 HCl 标准溶液的浓度、体积及 Na_2CO_3 溶液体积都是已知的，则 Na_2CO_3 溶液的浓度即可求出。碳酸钠浓度计算公式为：

$$c_{Na_2CO_3} = \frac{1}{2} \times \frac{c_{HCl} \cdot V_{HCl}}{V_{Na_2CO_3}}$$

（三）仪器与试剂

1. 仪器　容量瓶（250ml）、酸式滴定管（25ml）、移液管或吸量管（25ml）、洗耳球、洗瓶、滴定台（或铁架台）、台秤（或电子天平）、滴定管夹（蝴蝶夹）、烧杯（50ml）、玻璃棒、锥形瓶 3 个。
2. 试剂　无水 Na_2CO_3、甲基橙指示剂、HCl 标准溶液（0.100 0mol/L）。

（四）实验步骤

1. Na_2CO_3 溶液的配制　用台秤（或电子天平）称取约 1.3~1.4g 无水 Na_2CO_3 固体，置于 50ml 烧杯中，加蒸馏水约 40ml 溶解，把此溶液慢慢用玻璃棒小心引流至 250ml 的容量瓶中，再用蒸馏水荡洗小烧杯 2~3 次，将洗涤液一并转移至容量瓶，再用蒸馏水加至容量瓶刻度线下方 1~2cm 处，改用胶头滴管滴加蒸馏水至 250ml 刻度线，定容，混合均匀，备用。该步骤要注意容量瓶的正确使用。

2. 酸式滴定管的准备　滴定管先用自来水冲洗,并检查是否漏液,旋塞转动是否灵活,如漏液,应卸下旋塞,洗净,擦干,重新涂上凡士林。滴定管再用蒸馏水洗 3 次,继续以 HCl 标准溶液润洗 2~3 次,注意旋塞及旋塞下部也应洗净。加 HCl 标准溶液,调整液面在滴定管"0"刻度线或"0"刻度线附近,记下凹液面最低点位置,作为起点读数。

3. Na_2CO_3 溶液的移取　取 1 支洁净的 25ml 移液管,吸取少量 Na_2CO_3 溶液润洗 2~3 次(注意用量,不超过移液管体积的 1/3)。用洗净的移液管准确移取 25ml Na_2CO_3 溶液至锥形瓶中,加入 1 滴甲基橙指示剂。该步骤要注意移液管及洗耳球的正确使用。

4. Na_2CO_3 溶液浓度的标定　滴加 HCl 标准溶液,边滴边摇动锥形瓶,至锥形瓶溶液由黄色变为橙色,滴定即到达终点,停止滴加 HCl 标准溶液(临近终点前应使用吹瓶冲洗瓶壁以除去壁上残留酸或碱),并记下此时滴定管中 HCl 标准溶液凹液面的最低点位置(此数值减去起点读数即为本次滴定所用 HCl 标准溶液的体积)。该步骤要注意酸式滴定管的正确使用。

再重复滴定 2 次,3 次滴定所用 HCl 标准溶液的体积,相差应不超过 0.1ml(超过应再重新滴定)。

(五)数据记录与结果处理

Na_2CO_3 溶液浓度的标定结果见表 3-3-1。

表 3-3-1　Na_2CO_3 溶液浓度的标定结果($n=3$)

实验编号			1	2	3
c_{HCl}/(mol/L)					
$V_{Na_2CO_3}$/ml			25.00	25.00	25.00
v_{HCl}/ml		$v_始$/ml			
		$v_终$/ml			
		v_{HCl}/ml			
$c_{Na_2CO_3}$/(mol/L)					
$\bar{c}_{Na_2CO_3}$/(mol/L)					
RSD					

(六)实验提示

注意滴定时一定要逐滴加入 HCl 标准溶液,并且要边摇动锥形瓶边滴加 HCl 标准溶液,以免 HCl 溶液局部浓度过高,或加入 HCl 溶液过量,造成"滴过"。有时会出现"假终点"现象,即试液在滴定时由于产生 CO_2,使滴定提前到达终点,这种现象称为"假终点"。克服假终点应将到达假终点的试液,加热除去 CO_2,溶液由橙色变为黄色,稍放冷后,继续滴加 HCl 标准溶液,再次到达终点后,才是真正的滴定终点。

(七)实验思考

1. 怎样洗涤滴定管、移液管? 为什么要在使用前用标准溶液润洗? 锥形瓶是否也应如此操作?

2. 一般酸式滴定管的活塞是玻璃的,在酸式滴定管的准备步骤中,除了注意检验酸式滴定管是否漏液,还应注意什么情况可能会导致酸式滴定管不能正常使用?

（杨　婕　庞维荣　贾力维）

实验四

药用氯化钠的制备

（一）实验目的

1. 掌握提纯氯化钠的原理和方法。
2. 学习减压抽滤的实验操作。
3. 掌握溶解、沉淀、过滤、蒸发、浓缩、结晶和干燥等基本操作。

（二）实验原理

粗食盐精制后可得到纯的氯化钠晶体，化学试剂或医药用的 NaCl 都是以粗食盐为原料来提纯的。粗食盐中通常含有泥沙等不溶性杂质，以及 K^+、Ca^{2+}、Mg^{2+}、Fe^{3+} 和 SO_4^{2-} 等可溶性杂质。

提纯粗食盐时，粗食盐中含有的泥沙等不溶性杂质可利用溶解、过滤的方法直接除去，而 Ca^{2+}、Mg^{2+}、Fe^{3+} 和 SO_4^{2-} 等可选择适当的沉淀剂使之生成沉淀后除去。通常先在粗食盐溶液中加入过量的 $BaCl_2$ 溶液除去 SO_4^{2-}。具体反应方程式为：

$$Ba^{2+} + SO_4^{2-} =\!=\!= BaSO_4 \downarrow$$

过滤除去 $BaSO_4$ 沉淀后，在滤液中加入 NaOH 溶液和 Na_2CO_3 溶液，以除去 Ca^{2+}、Fe^{3+}、Mg^{2+} 和过量的 Ba^{2+}。具体反应方程式如下：

$$Ca^{2+} + CO_3^{2-} =\!=\!= CaCO_3 \downarrow$$
$$Mg^{2+} + 2OH^- =\!=\!= Mg(OH)_2 \downarrow$$
$$Ba^{2+} + CO_3^{2-} =\!=\!= BaCO_3 \downarrow$$
$$Fe^{3+} + 3OH^- =\!=\!= Fe(OH)_3$$

过滤除去以上沉淀后，在滤液中加入盐酸以除去过量的 NaOH 和 Na_2CO_3。反应方程式为：

$$2H^+ + CO_3^{2-} =\!=\!= H_2O + CO_2 \uparrow$$
$$H^+ + OH^- =\!=\!= H_2O$$

一般使用沉淀剂不能除去 K^+，可利用 KCl 与 NaCl 的溶解度随温度变化的差异性实现分离。由于蒸发温度升高时，KCl 的溶解度大于 NaCl 的溶解度，而且 K^+ 在粗食盐中的含量较少，所以在蒸发结晶的过程中仍留在母液中而与 NaCl 分离。残留在 NaCl 晶体中的盐酸在干燥过程中以氯化氢的形式逸出而被除去。

（三）仪器与试剂

1. **仪器** 电子天平（或托盘天平）、烧杯（250ml）、量筒（10ml、100ml）、试管、酒精灯（或加热套）、石棉网、普通漏斗、布氏漏斗、抽水泵、抽滤瓶（250ml）、蒸发皿（100ml）。

2. **试剂** 粗食盐、$BaCl_2$ 溶液（1mol/L 或 25%）、NaOH 溶液（6mol/L）、饱和 Na_2CO_3 溶液、硫化氢（饱和溶液）、HCl 溶液（6mol/L）、广泛 pH 试纸。

（四）实验步骤

1. 粗食盐的溶解　称取 30.0g 粗食盐置于 250ml 烧杯中，加入约 100ml 水，加热搅拌使粗食盐溶解。不溶杂质于下一步合并过滤。

粗盐的称量
与溶解

2. 除去 SO_4^{2-}　将粗食盐溶液加热至沸，边搅拌边滴加 25% $BaCl_2$ 溶液（2~8ml 左右）至沉淀完全。继续加热 5 分钟，使沉淀颗粒长大而易于沉降和过滤。

检查 SO_4^{2-} 是否除尽：将烧杯溶液过滤 1ml 左右于试管中，在滤液中滴加 2 滴 25% $BaCl_2$ 溶液，如出现混浊，表示 SO_4^{2-} 尚未除尽，需继续滴加 $BaCl_2$ 溶液以除去剩余的 SO_4^{2-}；如不混浊，表示 SO_4^{2-} 已除尽。过滤，滤液收集于另一烧杯中，弃去沉淀。

除去硫酸根

3. 除去重金属及 Mg^{2+}、Ca^{2+}、Fe^{3+} 和过量的 Ba^{2+}　在滤液中加入饱和硫化氢溶液数滴，边滴边搅拌，若无沉淀，不必再加。继续加入 6mol/L NaOH 溶液约 6ml 和饱和 Na_2CO_3 溶液约 2ml，加热微沸几分钟，静置冷却。

检查沉淀是否完全：取上层清液少量过滤于试管中，加几滴饱和 Na_2CO_3 溶液，若无沉淀产生，过滤，弃去沉淀。

倾泻法过滤

4. 调整酸度及除去过量的 CO_3^{2-}　滤液转移至蒸发皿中，滴加 6mol/L HCl 溶液，边滴边调节溶液的 pH，直至溶液 pH 为 3~4（用 pH 试纸检查）。

5. 浓缩与结晶　将滤液倒入蒸发皿中，蒸发浓缩到有大量 NaCl 结晶出现，呈稀稠状即可（切不可蒸干）。

6. 冷却结晶，减压抽滤，用少量 95% 乙醇溶液洗涤晶体，抽干。

7. 将氯化钠晶体转移到蒸发皿中，小火烘（炒）干。将干燥冷却后的氯化钠晶体称量，记录质量，计算产率。并将所得氯化钠晶体装入袋中供纯度检验和性质实验用。

（五）实验提示

1. 沉淀剂应在 NaCl 溶液沸腾、搅拌下逐滴加入，且用量要过量，滴加结束后还应煮沸几分钟，以利于沉淀与溶液的分离。

2. 除杂时间不宜太长，否则会有 NaCl 晶体析出，应补充少量水。

3. 用盐酸调节酸度至 pH 约为 3~4 时要慢，要准确。

4. 浓缩 NaCl 溶液时小火加热，并不停搅拌，保持溶液微微沸腾，切不可蒸干。

5. 为防止炒干后的 NaCl 结成块状，炒干时应小火加热且不断搅拌。

6. 注意普通过滤与减压抽滤的正确使用与区别。

（六）实验思考

1. 在除去 Ca^{2+}、Mg^{2+}、SO_4^{2-} 时，为什么要先加入 $BaCl_2$ 溶液，然后再加入 Na_2CO_3 溶液？

2. 为什么用毒性较大的 $BaCl_2$ 除 SO_4^{2-}，而不用无毒的 $CaCl_2$？

3. 在除 Ca^{2+}、Mg^{2+}、Ba^{2+} 等离子时，能否用其他可溶性碳酸盐代替 Na_2CO_3？

4. 加盐酸除 CO_3^{2-} 时，为什么要把溶液的 pH 调到 3~4 而不是调至恰为中性？

5. 怎样除去粗盐中的 K^+？

（齐学洁　朱鑫　朱敏）

◇◇◇ 实验五 ◇◇◇
药用氯化钠的性质及杂质限量的检查

(一) 实验目的
1. 了解《中华人民共和国药典》对药用氯化钠的鉴别方法。
2. 初步了解《中华人民共和国药典》对药用氯化钠部分杂质限量的检查方法。
3. 掌握比色、比浊实验的方法。

(二) 实验原理
1. 药用氯化钠的鉴别实验是被检药品组成离子(即 Na^+ 和 Cl^-)的特征实验。
2. 本实验对杂质 Ca^{2+}、Mg^{2+}、Ba^{2+}、SO_4^{2-}、铁盐、钾盐及重金属铅离子的含量进行限量分析,即把产品配成一定浓度的溶液,与相应试剂反应,生成沉淀或有色物质,再与标准溶液相同反应下的产物,分别进行目视比色和比浊,若产品溶液的颜色和浊度不深于标准溶液,则杂质含量低于《中华人民共和国药典》规定的限度;否则杂质含量高于《中华人民共和国药典》规定的限度。

(三) 仪器与试剂
1. 仪器 奈氏比色管(25ml)2 支、电子天平(或托盘天平)、烧杯(100ml)、量筒(50ml)、试管、酒精灯(或加热套)、石棉网、铂丝。
2. 试剂 药用氯化钠产品(自制)、稀盐酸(2.8mol/L)、硝酸银溶液(0.1mol/L)、氨试液(6mol/L)、稀硝酸(2.8mol/L)、$KMnO_4$ 溶液(0.1mol/L)、稀硫酸(1mol/L)、溴麝香草酚蓝指示液、$BaCl_2$ 溶液(25%)、草酸铵试液(0.25mol/L)、氢氧化钠试液(1mol/L、0.02mol/L)、太坦黄溶液(0.05%)、过硫酸铵(s)、硫氰酸铵溶液(30%)、稀乙酸(1mol/L)、四苯硼钠溶液、乙酸盐缓冲溶液(pH = 3.5)、硫代乙酰胺试液、淀粉碘化钾试纸、广泛 pH 试纸。

标准镁试剂(含 MgO 16.58μg/ml)、标准铁溶液(含 Fe 10μg/ml)、标准硫酸钾溶液(含 K 81.1μg/ml、含 SO_4^{2-} 100μg/ml)、标准铅溶液(含 Pb 10μg/ml)。

(四) 实验内容
1. 氯化钠的鉴别反应
(1) 钠盐的焰色反应:取铂丝,用盐酸湿润后,蘸取氯化钠,在无色火焰中燃烧,火焰即显鲜黄色。
(2) Cl^- 的鉴别
1) 取产品少许溶解,加稀硝酸使成酸性后,滴加 0.1mol/L 硝酸银溶液生成白色凝乳状沉淀;沉淀加氨试液即溶解,再加稀硝酸溶液,又生成沉淀。离子反应方程式为:

$$Cl^- + Ag^+ \longrightarrow AgCl \downarrow$$

2) 取产品少许加入一定体积的蒸馏水溶解,加入 $KMnO_4$ 溶液和稀硫酸各 1ml,缓缓加热,即产生氯气,遇水润湿的淀粉碘化钾试纸显蓝色。

$$10Cl^- + 2MnO_4^- + 16H^+ \longrightarrow 5Cl_2 \uparrow + 2Mn^{2+} + 8H_2O$$

2. 产品质量检查 成品氯化钠需进行以下各项质量检查试验。
(1) 溶液的澄清度:取本品 2.5g,加水至 12.5ml 溶解后,溶液应澄清。

（2）酸碱度：在上述澄清的溶液中继续加水至 25ml 后，加溴麝香草酚蓝指示液 2 滴，如显黄色，加入氢氧化钠溶液（0.02mol/L）0.10ml，应变为蓝色；如显蓝色或绿色，加入盐酸溶液（0.02mol/L）0.20ml，应变为黄色。

氯化钠为强酸强碱所生成的盐，在水溶液中应呈中性。但在制备过程中，可能夹杂少量酸或碱，所以《中华人民共和国药典》把它限制在很小范围内。溴麝香草酚蓝指示液的变色范围是 pH 6.6~7.6，由黄色到蓝色。

（3）硫酸盐：取 25ml 奈氏比色管 2 支，甲管中加标准硫酸钾溶液 0.5ml（每 1ml 标准硫酸钾溶液相当于 100μg 的 SO_4^{2-}），加入蒸馏水稀释至 12.5ml 后，加 1ml 0.05mol/L HCl，加 25% $BaCl_2$ 溶液 2.5ml，加适量水到 25ml，摇匀，放置 10 分钟。

乙管中加本产品 2.5g，加入蒸馏水稀释至约 15ml，溶液应透明，如不透明可过滤，于滤液中加稀 HCl，加 25% $BaCl_2$ 溶液 2.5ml，加适量水到 25ml，摇匀，放置 10 分钟，比较混浊度。乙管的混浊度不得高于甲管（0.002%）。

离子反应方程式为：$Ba^{2+} + SO_4^{2-} \Longrightarrow BaSO_4 \downarrow$

（4）钡盐：取本品 2.0g，加水 10ml 溶解后过滤，滤液分成两等份，一份中加稀硫酸 1ml，另一份加水 1ml，静置 15 分钟，两液应同样澄清。

离子反应方程式为：$Ba^{2+} + SO_4^{2-} \Longrightarrow BaSO_4 \downarrow$

（5）钙盐：取本品 2.0g，用 10ml 蒸馏水溶解后，加氨试液 1ml，摇匀，加草酸铵试液 1ml，5 分钟内不得发生混浊。

离子反应方程式为：$Ca^{2+} + C_2O_4^{2-} \Longrightarrow CaC_2O_4 \downarrow$

（6）镁盐：取本品 1.0g，用 20ml 蒸馏水溶解后，加 NaOH 溶液 2.5ml 与 0.05% 太坦黄溶液 0.5ml，摇匀，生成的颜色与标准镁溶液 1.0ml 用同一方法制成的对照液比较，不得更深（0.001%）。

（7）铁盐：取本品 2.5g，置于 25ml 奈氏比色管中，加蒸馏水 15ml 溶解后，加 0.1mol/L HCl 溶液 2ml，过硫酸铵 25mg，再加 30% 硫氰酸铵试液 1.5ml，适量蒸馏水到 25ml 摇匀，如显色与标准铁溶液 0.75ml 用同样方法处理制得的标准管颜色比较，不得更深（0.0003%）。

离子反应方程式为：$Fe^{3+} + nSCN^- \Longrightarrow [Fe(SCN)_n]^{3-n}$（血红色）

（8）钾盐：取本品 2.5g，置于 25ml 奈氏比色管中，加蒸馏水 10ml 溶解后，加稀乙酸 1 滴，加四苯硼钠溶液（取四苯硼钠 1.5g，置乳钵中，加水 10ml 研磨后，再加水 40ml，研匀，用质密的滤纸滤过即得）1ml，再加蒸馏水到 25ml，如显混浊，与 6.2ml 标准硫酸钾溶液用同一方法制成的对照液比较，不得更浓（0.02%）。

离子反应方程式为：$K^+ + B(C_6H_5)_4^- \Longrightarrow KB(C_6H_5)_4 \downarrow$（白色）

（9）重金属：本法所指重金属是指在规定条件下能与硫代乙酰胺或硫化钠作用显色的金属杂质，硫代乙酰胺在酸性条件下首先水解生成 H_2S：

$$CH_3CSNH_2 + H_2O \Longrightarrow CH_3CONH_2 + H_2S$$

然后与 Pb^{2+} 等重金属离子生成有颜色的沉淀物，样品与标准液进行比色分析。

取 25ml 奈氏比色管 2 支，甲管加标准铅溶液（10μg/ml）1.0ml，加乙酸盐缓冲溶液（pH = 3.5）2ml，加蒸馏水稀释至 25ml；乙管中加样品 5.0g，加水 20ml 溶解后，加乙酸盐缓冲溶液 2ml 与蒸馏水至 25ml。2 管中分别加硫代乙酰胺试液各 2ml，摇匀，在暗处放置 2 分钟，比较颜色。乙管中显出的颜色与甲管比较，不得更深。（重金属含量不超过百万分之二）

附：2020 年版《中华人民共和国药典》中各溶液的配制方法

稀硝酸：取硝酸 105ml，加水稀释至 1 000ml，含 HNO_3 应为 9.5%~10.5%。

氨试液：取浓氨溶液 400ml，加水使成 1 000ml。

稀硫酸：取硫酸 57ml，加水稀释至 1 000ml，含 H_2SO_4 应为 9.5%~10.5%。

溴麝香草酚蓝指示液：取溴麝香草酚蓝 0.1g，加 0.05mol/L 氢氧化钠溶液 3.2ml 使溶解，再加水稀释至 200ml。

稀盐酸：取盐酸 234ml，加水稀释至 1 000ml，含 HCl 应为 9.5%~10.5%。

草酸铵试液：取草酸铵 3.5g，加水使溶解成 100ml。

氢氧化钠试液：取氢氧化钠 4.3g，加水使溶解成 100ml。

0.05% 太坦黄溶液：取太坦黄 0.05g，加（水、乙醇、硫酸、氢氧化钠）使溶解成 100ml。

稀乙酸：取冰乙酸 60ml，加水稀释至 1 000ml。

标准硫酸钾溶液：称取硫酸钾 0.181g，加水溶解，置 1 000ml 量瓶中，稀释至刻度，摇匀，即得（每 1ml 标准硫酸钾溶液相当于 100μg 的 SO_4^{2-}，1ml 相当于 81.1μg 的钾）。

标准镁溶液：精密称取在 800℃炽灼至恒重的氧化镁 16.58mg，加盐酸 2.5ml 与水适量使溶解成 1 000ml，摇匀。

标准铁盐溶液的制备：称取硫酸铁铵［$FeNH_4(SO_4)_2 \cdot 12H_2O$］0.863g，溶解后转入 1 000ml 量瓶中，加硫酸 2.5ml 加水稀释到刻度，摇匀，作为贮备液。临用前，精密量取 10ml 贮备液，置于 100ml 的容量瓶中加水稀释到刻度，摇匀，即得 1ml 相当于 10μg 的铁。

四苯硼钠溶液：称取四苯硼钠 1.5g，置乳钵中，加水 10ml 研磨后，再加水 40ml，研匀，用质密的滤纸滤过即得。

标准铅溶液：称取硝酸铅 0.159 9g，置于 1 000ml 量瓶中，加硝酸 5ml 与水 50ml 溶解后，用水稀释至刻度，摇匀，作储备液。

精密量取储备液 10ml，置于 100ml 量瓶中，加水稀释至刻度，摇匀，即得 1ml 相当于 10μg 的铅。标准铅溶液应新鲜配制。

配制与存用的玻璃容器不得含有铅。

乙酸盐缓冲溶液（pH = 3.5）的配制：称取乙酸铵 25g，加水 25ml 溶解后，加 7mol/L 盐酸溶液 38ml，用 2mol/L 盐酸溶液或 5mol/L 氨溶液准确调节 pH 至 3.5（电位滴定法），用水稀释至 100ml，即得。

硫代乙酰胺试液：取硫代乙酰胺 4g，加水使溶解成 100ml，置冰箱中保存。临用前取混合液（由 1mol/L 氢氧化钠溶液 15ml，水 5.0ml 及甘油 20ml 组成）5.0ml，加上述硫代乙酰胺溶液 1.0ml，置水浴上加热 20 秒，冷却，立即使用。

（五）实验提示

1. SO_4^{2-} 的限量分析中，乙管中加药用氯化钠产品（自制）2.5g，加入蒸馏水稀释至约 15ml，溶液应透明，如不透明可过滤，滤液再和甲管中同样处理比较。

2. 钾盐、硫酸盐限度检查时是两管比浊，将比色管置于比色架上，在光线明亮处由上而下透视，比较两管的混浊度。

3. 铁盐和重金属盐限度检查是使用比色管比色，把比色管置于一张白纸前，自上向下透视，比较两管的颜色。

（六）实验思考

1. 何种分析方法称为限量分析？本实验中钡盐、钙盐及硫酸盐的限度检验依据什么原理？

2. 上述实验中何种离子的检验选用的是比色实验？

（齐学洁　朱鑫　朱敏）

实验六

氢氧化钠溶液的配制和
浓度标定的训练

(一) 实验目的

1. 学习氢氧化钠(NaOH)溶液的配制和标定的基本原理和方法。

2. 熟悉指示剂变色性质和终点颜色的变化。

3. 掌握滴定操作和滴定终点的判断。

(二) 实验原理

1. 配制 由于 NaOH 易吸潮,也易吸收空气中的 CO_2 生成 Na_2CO_3,因此不能用直接法配制其准确浓度的溶液,而用间接法配制。为了配制不含 CO_3^{2-} 的溶液,可采用浓碱法配制,先用 NaOH 配成饱和溶液(120∶100),此时 Na_2CO_3 不溶,用时,取上清液稀释,再进行标定。

2. 标定 标定碱溶液的基准物质很多,如草酸($H_2C_2O_4 \cdot H_2O$)、苯甲酸(C_6H_5COOH)、氨基磺酸(NH_2SO_3H)、邻苯二甲酸氢钾($HOOCC_6H_4COOK$)等。目前,常用的是邻苯二甲酸氢钾($M = 204.2g/mol$),其易于提纯、在空气中稳定、不吸潮、容易保存、摩尔质量大。滴定反应如下:

计量点时由于弱酸盐的水解,溶液呈微碱性,可采用酚酞为指示剂。

本实验采用基准的邻苯二甲酸氢钾试剂与 NaOH 反应,计量点时 NaOH 浓度的计算公式如下:

$$c_{NaOH} = \frac{c_{KHC_8H_4O_4} \cdot V_{KHC_8H_4O_4}}{V_{NaOH}}$$

(三) 仪器与试剂

1. 仪器 天平、称量瓶、碱式滴定管(25ml)、容量瓶(1 000ml)、锥形瓶(250ml)、烧杯(200ml)、塑料瓶(200ml)等。

2. 试剂 邻苯二甲酸氢钾(0.1mol/L)、NaOH(A.R.&C.P.)、0.2% 酚酞乙醇溶液。

(四) 实验内容

1. 氢氧化钠饱和水溶液的配制 称取氢氧化钠约 120g,加蒸馏水 100ml,振摇使溶液成饱和溶液,冷却后置塑料瓶中。静置数日,澄清后作贮备液。

2. 0.1mol/L 氢氧化钠溶液的配制 量取饱和氢氧化钠溶液 5.6ml,加新煮沸过的冷蒸馏水至 1 000ml,摇匀。或直接称取 4g 氢氧化钠,加新煮沸过的冷蒸馏水溶解,并稀释至 1 000ml,摇匀。

3. 0.1mol/L 氢氧化钠溶液的标定　精密移取 25ml 浓度为 0.100 0mol/L 的邻苯二甲酸氢钾溶液,置 250ml 锥形瓶中,加 25ml 水,1 滴酚酞指示剂,用 0.1mol/L 氢氧化钠溶液滴定至溶液呈淡粉红色保持 30 秒不褪即为终点。记录所耗用的氢氧化钠溶液的体积,平衡测定 3 次。

(五) 数据记录与结果处理

数据记录与结果处理见表 3-6-1。

表 3-6-1　氢氧化钠溶液配制和浓度标定的实验数据

编号	c_{KHP}/(mol/L)	V_{NaOH}/ml	c_{NaOH}/(mol/L)	$\bar{c}_{NaOH}$	RSD
1					
2					
3					

(六) 实验提示

1. 为了配制不含碳酸钠的标准氢氧化钠溶液,一般先配制氢氧化钠饱和溶液 (120∶100),碳酸钠在饱和氢氧化钠溶液中不溶解,待碳酸钠沉淀后,量取上层澄清液,再稀释至所需浓度。用来配制氢氧化钠溶液的水应加热煮沸后放冷,以除去其中的二氧化碳。

2. 配制 0.1mol/L 氢氧化钠溶液时,要用干燥的量筒量取饱和氢氧化钠水溶液,并立即倒入水中,随即盖紧,以防吸收二氧化碳。

(七) 实验思考

1. 配制氢氧化钠溶液时,为什么要先配成饱和氢氧化钠溶液?本实验为什么要用新鲜煮沸过的冷蒸馏水?

2. 标定氢氧化钠溶液以酚酞为指示剂时,终点为粉红色,为何 30 秒后红色可能消失?是否还应继续滴加氢氧化钠溶液至红色不消失为止?

● (李 伟　黎勇坤　罗 黎)

实验七

乙酸解离度和解离常数的测定

（一）实验目的

1. 掌握乙酸（HAc）解离度（α）和解离常数（$K_a^{\ominus}$）的测定方法。
2. 学会 pH 计的使用。
3. 掌握容量瓶、移液管、碱式滴定管的基本操作及滴定终点的判断。

（二）实验原理

HAc 是弱电解质，其溶液中存在下列平衡：

$$HAc \rightleftharpoons H^+ + Ac^-$$

$$\alpha = \frac{[H^+]}{c_a} \tag{3-7-1}$$

$$pH = -\lg[H^+] \tag{3-7-2}$$

$$K_a^{\ominus} = \frac{[H^+][Ac^-]}{[HAc]} = \frac{c_a \alpha^2}{1-\alpha} \tag{3-7-3}$$

实验中，采用标准的氢氧化钠溶液标定 HAc 溶液，选择酚酞作指示剂，由式（3-7-4）计算 HAc 的浓度；通过测定不同浓度 HAc 溶液的 pH，由式（3-7-1）计算解离度（α），由式（3-7-3）计算解离常数（$K_a^{\ominus}$）。

HAc 溶液的浓度 c_a 的计算：

$$HAc + NaOH \longrightarrow NaAc + H_2O$$

$$c_a = c_{HAc} = \frac{c_{NaOH} \cdot V_{NaOH}}{V_{HAc}} \tag{3-7-4}$$

（三）仪器与试剂

1. 仪器　pHS-3C 型酸度计（pH 计）、移液管（25ml）、刻度移液管（5ml）、容量瓶（50ml）、烧杯（50ml）、锥形瓶（250ml）、碱式滴定管、滴管。

2. 试剂　0.1mol/L 的乙酸溶液、标准 NaOH 溶液（约 0.1mol/L）、酚酞指示剂、标准缓冲溶液（pH = 6.86、pH = 4.00）

（四）实验内容

1. HAc 溶液浓度的标定　取 4 个 50ml 小烧杯进行编号，用 4 号小烧杯取 HAc 溶液，再从中用移液管取 25ml HAc 溶液加入锥形瓶中，平行取 3 份（不够取再加），各加 1~2 滴酚酞指示剂，用标准 NaOH 溶液滴定至溶液呈现微红色（半分钟后不褪色），注意准确记录滴定前后滴定管的读数，求出消耗的 NaOH 溶液体积（注意：每 2 次滴定结果相差不应超过 0.10ml，否则重新滴定）。数据记录于表 3-7-1 中，并计算 HAc 溶液的浓度（4 位有效数字）。

2. 不同浓度 HAc 溶液的配制　用移液管分别移取 2.5ml、5ml、25ml 上述标

HAc 溶液
浓度的标定

55

不同浓度
HAc 溶液
的配制

定过的 HAc 溶液于 3 个 50ml 容量瓶中,用蒸馏水稀释至刻度,摇匀。连同未稀释的 HAc 溶液可得 $c/20$、$c/10$、$c/2$、c 等 4 种不同浓度的 HAc 溶液,依次倒入 1、2、3 号烧杯,连同前面的 4 号烧杯一起拿到 pH 计前。

3. pH 计定位　按仪器说明书要求,用 pH 4.00 定位(用标定旋钮定在其 pH 上),换上 pH 6.86 的缓冲液定斜率(用确认键显示斜率和相应的数值),再确认后显示测量时就可以进行下面的测量了。定位与定斜率的溶液不同就可以,不分先后。

HAc 溶液
的 pH 测定

4. HAc 溶液的 pH 测定　取 1 号小烧杯,用少量溶液($c/20$)润洗电极和小烧杯 3 次后,剩下倒入烧杯中,插入电极,记下显示数据。换上 2 号烧杯,同法测量,按溶液由稀到浓次序分别用 pH 计测定 4 种浓度 HAc 溶液的 pH(3 位有效数字),数据记录于表 3-7-2 中,并记录室温。

5. 解离度(α)和解离常数($K_a^{\ominus}$)的计算　根据测定的 4 种 HAc 溶液的 pH 计算解离度(α)和解离常数($K_a^{\ominus}$)。结果列于表 3-7-2。

(五) 数据记录与结果处理

1. HAc 溶液浓度的标定(表 3-7-1)

表 3-7-1　HAc 浓度标定结果

实验编号		1	2	3
c_{NaOH}/(mol/L)				
V_{HAc}/ml		25.00	25.00	25.00
V_{NaOH}/ml	$V_{始}$/ml			
	$V_{终}$/ml			
	V_{NaOH}/ml			
c_{HAc}/(mol/L)				
$\bar{c}_{HAc}$/(mol/L)				
RSD				

2. HAc 溶液 pH 测定及解离度(α)和解离常数($K_a^{\ominus}$)的计算(表 3-7-2)

表 3-7-2　HAc 溶液 pH、解离度(α)和解离常数($K_a^{\ominus}$)的测定结果($T=$　℃)

编号	c_{HAc}/(mol/L)	pH	$[H^+]$/(mol/L)	α	$K_a^{\ominus}$	$\bar{K_a^{\ominus}}$	RSD
1($c/20$)							
2($c/10$)							
3($c/2$)							
4(c)							

(六) 实验提示

1. 预习实验基本原理,以及解离度、解离常数的计算方法及其影响因素。

2. 预习容量瓶、移液管、碱式滴定管的使用方法,滴定终点的判断方法。

3. 预习 pH 计的使用方法。不同型号的 pH 计使用方法略有差异,使用前必须认真预习,并熟悉所用型号的 pH 计使用方法。

4. 写实验报告时注意总结实验结果,得出实验结论。

(七) 实验思考

1. 根据实验所测不同浓度乙酸溶液的 pH、解离度和解离常数的数据,试归纳弱酸解离所产生的[H^+]、解离度和解离常数与弱酸浓度之间的变化规律。

2. 如果改变所测 HAc 溶液的温度,则解离度和解离常数有无变化?

3. 标定 HAc 溶液浓度时,选用酚酞作指示剂,酚酞的变色范围是多少? 应注意什么? 可否选用甲基橙作指示剂?

(吴巧凤 林 舒 曹 莉)

实验八
氧化还原反应与电极电势

（一）实验目的
1. 掌握电极电势对氧化还原反应的影响。
2. 理解氧化还原反应的实质，了解常用的氧化剂和还原剂。
3. 熟悉氧化还原反应与电极电势的关系。
4. 了解反应物（或生成物）的浓度、溶液的酸度、温度对氧化还原反应的影响。
5. 了解原电池的装置和原理。

（二）实验原理
氧化还原反应的实质是物质间电子的转移或电子对的偏移。氧化剂得电子、还原剂失电子能力的大小，即氧化能力、还原能力的强弱，可根据它们相应电对的电极电势的相对大小来衡量。电极电势的数值越大，其氧化型物质的氧化能力越强，是较强的氧化剂。电极电势的数值越小，其还原型物质的还原能力越强，是较强的还原剂。只有较强的氧化剂和较强的还原剂之间才能够反应，生成较弱的氧化剂和较弱的还原剂，故根据电极电势可以判断反应的方向。根据能斯特（Nernst）方程，反应物（生成物）的浓度、溶液的酸度、温度都会影响电极电势的大小，从而对氧化还原反应产生影响，可能导致方向的改变或者产物的改变。

利用氧化还原反应产生电流的装置称原电池。原电池的电动势 $E_{MF} = E_正 - E_负$。本实验利用伏特计测定原电池的电动势，定性比较浓度、酸度等因素对电极电势及氧化还原反应的影响。

（三）仪器与试剂
1. **仪器**　试管、烧杯、表面皿、U 形玻璃管、伏特计、水浴锅、导线、砂纸、鳄鱼夹。
2. **试剂**　KI 溶液（0.1mol/L）、$FeCl_3$ 溶液（0.1mol/L）、CCl_4、KBr 溶液（0.1mol/L）、溴水（Br_2）、$FeSO_4$ 溶液（0.1mol/L）、碘水（I_2）、$KMnO_4$ 溶液（0.01mol/L）、H_2SO_4 溶液（3mol/L）、NaOH 溶液（6mol/L）、Na_2SO_3 溶液（0.1mol/L）、HNO_3（浓）、HNO_3 溶液（1mol/L）、Na_3AsO_3 溶液（0.1mol/L）、HCl（浓）、$(NH_4)_2C_2O_4$ 饱和溶液、HAc 溶液（3mol/L）、$H_2C_2O_4$ 溶液（0.1mol/L）、$MnSO_4$ 溶液（0.1mol/L）、$AgNO_3$ 溶液（0.1mol/L）、$ZnSO_4$ 溶液（0.5mol/L）、$CuSO_4$ 溶液（0.5mol/L）、$NH_3 \cdot H_2O$（浓）、$K_2Cr_2O_7$ 溶液（0.25mol/L）、$FeSO_4$ 溶液（0.25mol/L）、NH_4F（固体）、KCl 饱和溶液、$(NH_4)_2S_2O_8$（固体）、锌粒、小锌片、小铜片、琼脂、电极（锌片、铜片、铁片、碳棒）、红色石蕊试纸。

（四）实验内容
1. 电极电势和氧化还原反应
（1）向试管中加入 10 滴 0.1mol/L 的 KI 溶液和 2 滴 0.1mol/L 的 $FeCl_3$ 溶液后，摇匀，再加入 5 滴 CCl_4 充分振荡，静置，观察 CCl_4 层是否出现紫红色或粉红色（可往试管中补加 10 滴蒸馏水，观察更清楚）。解释原因并写出相应的反应方程式。

电极电势和氧化还原反应

（2）用 0.1mol/L KBr 溶液代替 KI 溶液进行同样实验，观察 CCl₄ 层是否有橙黄色出现，为什么？

（3）取 5 滴溴水（Br₂）于小试管中，加入 2 滴 0.1mol/L 的 FeSO₄ 溶液（最好现配现用，约 4g 硫酸亚铁铵配成 100ml 溶液），观察溴水颜色是否退去。

（4）取 5 滴碘水代替溴水进行同样实验，观察碘水颜色是否退去。

根据以上实验结果，定性比较 Br_2/Br^-、I_2/I^-、Fe^{3+}/Fe^{2+} 3 个电对电极电势的相对大小，指出哪个物质是最强氧化剂，哪个物质是最强还原剂，并写出相关反应方程式，说明电极电势与氧化还原反应的关系。

2. 浓度对电极电势的影响

（1）在 2 个 50ml 烧杯中，分别加入 15ml 0.5mol/L 的 ZnSO₄ 溶液和 15ml 0.5mol/L 的 CuSO₄ 溶液，在 ZnSO₄ 溶液中插入打磨过的 Zn 片，在 CuSO₄ 溶液中插入打磨过的 Cu 片，用导线将 Cu 片、Zn 片分别与伏特计的正负极相连，2 个烧杯溶液间用 KCl 盐桥连接好，测量电池电动势。

（2）取出盐桥，在 CuSO₄ 溶液中滴加浓 NH₃·H₂O 并不断搅拌，至生成的蓝色沉淀完全溶解而形成深蓝色溶液时，再放入盐桥，测定电池电动势。

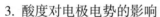

浓度对电极电势的影响

（3）再取出盐桥，在 ZnSO₄ 溶液中滴加浓 NH₃·H₂O 并不断搅拌，至生成的沉淀完全溶解，变成无色透明溶液后再放入盐桥，观察伏特计示数有何变化。

比较 3 次测定结果，利用 Nernst 方程解释实验现象，得出结论。

3. 酸度对电极电势的影响

（1）取 2 个 50ml 小烧杯，分别加入 20ml 0.25mol/L 的 FeSO₄ 溶液，插入 Fe 片和 20ml 0.25mol/L 的 K₂Cr₂O₇ 溶液，插入碳棒。用导线将铁片、碳棒与伏特计的负极、正极相连，将两烧杯间用一盐桥连接好，测量电池电动势。

（2）在 K₂Cr₂O₇ 溶液中，逐滴加入 3mol/L H₂SO₄ 溶液，用玻璃棒搅匀，观察伏特计示数的变化。再向 K₂Cr₂O₇ 溶液中，逐滴加入 6mol/L NaOH 溶液，用玻璃棒搅匀，观察伏特计的示数又怎样的变化。

酸度对电极电势的影响

请用 Nernst 方程解释实验现象。

4. 浓度、酸度对氧化还原反应产物的影响

（1）在 3 支试管中，均加入 3 滴 0.01mol/L KMnO₄ 溶液，再分别加入 3mol/L H₂SO₄ 溶液、蒸馏水、6mol/L NaOH 溶液各 0.5ml，摇匀后往 3 支试管中各加几滴 0.1mol/L Na₂SO₃ 溶液，观察反应产物有何不同，解释原因，写出相应反应式。

（2）在 2 支放有一小颗锌粒的试管中分别加入 1~2 滴浓 HNO₃（在通风橱做）和 1mol/L 的 HNO₃ 溶液，观察发生的现象。(a)反应速率有何不同？ (b)反应产物有何不同？

酸度对氧化还原反应产物的影响

浓 HNO₃ 的主要还原产物可通过观察产生气体的颜色来判断，稀 HNO₃ 的主要还原产物可通过检验溶液中是否有 NH_4^+ 生成来判断。NH_4^+ 的检验方法常用气室法或奈斯勒试剂法（奈斯勒试剂遇 NH_4^+ 生成棕红色沉淀）。气室法检验 NH_4^+ 方法：取大小 2 个表面皿，在较大表面皿中加入 5~10 滴待测试液，再滴入 3~5 滴 6mol/L NaOH 溶液，在较小的表面皿贴一小块湿润的红色石蕊试纸（或广泛 pH 试纸），将 2 个表面皿盖好做成气室，将该气室放在水浴上微热，若试纸变蓝色，则示 NH_4^+ 存在。

浓度对氧化还原反应产物的影响

5. 浓度、酸度对氧化还原反应方向的影响

浓度对氧化
还原反应方
向的影响

(1) 取 1 支试管,加入 CCl_4、蒸馏水和 0.1mol/L 的 KI 溶液各 10 滴,摇匀,再加入 10 滴 0.1mol/L 的 $FeCl_3$ 溶液,振荡后观察 CCl_4 层的颜色。

(2) 另取 1 支试管加入 CCl_4、0.1mol/L $FeSO_4$ 和 0.1mol/L KI 溶液各 10 滴,摇匀,再加入 10 滴 0.1mol/L 的 $FeCl_3$ 溶液,振荡后观察 CCl_4 层的颜色与上一实验中 CCl_4 层的颜色有无区别。为什么?

(3) 在上述实验的试管中加入 NH_4F 固体少许,用力振荡,观察 CCl_4 层的颜色变化。

解释以上实验现象,说明浓度对氧化还原反应方向的影响。

(4) 取 1 支试管,加入 5 滴 CCl_4 和 5 滴 I_2 水,再加入 10 滴 0.1mol/L Na_3AsO_3 溶液,用力振荡,观察 CCl_4 层颜色变化。然后将溶液用浓 HCl 酸化,用力振荡,CCl_4 层颜色有何变化?再向溶液中加入 6mol/L NaOH 溶液数滴,用力振荡,CCl_4 层颜色又有何变化? 解释原因,说明酸度对氧化还原反应方向的影响,并写出上述 3 步反应的有关反应方程式。

6. 酸度、温度和催化剂对氧化还原反应速度的影响

(1) 酸度的影响:在 2 支试管中各加入 5 滴饱和 $(NH_4)_2C_2O_4$ 溶液,再分别加入 3mol/L H_2SO_4 和 3mol/L HAc 溶液各 5 滴,然后往 2 支试管中各加入 2 滴 0.01mol/L $KMnO_4$ 溶液,观察比较 2 支试管中紫红色褪去的快慢。解释原因,并写出有关反应方程式。

催化剂对氧
化还原反应
速度的影响

(2) 温度的影响:在 2 支试管中,各加入 10 滴 0.1mol/L 的 $H_2C_2O_4$ 溶液、3 滴 2mol/L 的 H_2SO_4 和 1 滴 0.01mol/L 的 $KMnO_4$ 溶液,摇匀;将其中一支试管放入 80℃水浴中加热,另一支试管不加热,比较 2 支试管紫红色褪色快慢。说明原因。

(3) 催化剂的影响:在 2 支试管中,各加入 3 滴 0.1mol/L $MnSO_4$ 溶液、10 滴 1mol/L HNO_3 溶液和少量 $(NH_4)_2S_2O_8$ 固体,振荡使其溶解。然后往一支试管中加入 3 滴 0.1mol/L 的 $AgNO_3$ 溶液,另一支不加,2 支试管一起在水浴锅微热约 5 分钟。比较 2 支试管反应现象有何不同,解释原因。

(五) 实验提示

1. $FeSO_4$ 和 Na_2SO_3 溶液要现配现用。

2. 作为电极的锌片、铜片、铁片、鳄鱼夹等用时要用砂纸打磨,以免接触不良影响伏特计读数。

3. 试管中加入锌粒时,要将试管倾斜,让锌粒沿试管内壁滑到底部。实验结束后,锌粒要回收在固定容器中。

4. 盐桥的制法:将 1g 琼脂加入 100ml 饱和 KCl 溶液中浸泡一会儿,加热煮成糊状,趁热倒入 U 形玻璃管中(注意里面不能留气泡),冷却即成,在水中保存。

(六) 实验思考

1. 为什么 $K_2Cr_2O_7$ 能氧化浓 HCl 中的 Cl^-,而不能氧化浓度更大的 NaCl 溶液中的 Cl^-?

2. 两个电对电极电势数据相差很大,其组成的氧化还原反应的速率是否一定很快?

3. 若用饱和甘汞电极来测定锌电极的电极电势,应如何组成原电池? 写出原电池符号及电极反应式。

4. 设计实验,确定 Zn^{2+}/Zn、Pb^{2+}/Pb、Cu^{2+}/Cu 3 个电对电极电势的相对大小。

5. 试归纳影响电极电势的因素。

(武世奎 张晓青 杜中玉)

实验九

配合物的生成、性质与应用

(一) 实验目的

1. 熟悉配合物的生成和组成。
2. 熟悉配合物与简单化合物、复盐的区别。
3. 了解配位平衡的移动及其影响因素。
4. 了解螯合物的形成条件及稳定性。

(二) 实验原理

由中心离子(或原子)与配体按一定组成和空间构型以配位键结合所形成的化合物称为配合物。在配合物中,中心离子与配体之间已形成相对稳定的构型,中心离子已体现不出其游离存在的性质,而简单化合物或复盐的溶液中,各种离子都能体现出游离离子的性质,由此,可以区别配合物与简单化合物及复盐。

配合物在水溶液中存在生成和解离的可逆反应,每一步反应都存在配位平衡。

$$M^{n+} + aL^- \rightleftharpoons [ML_a]^{n-a} \qquad K_s^{\ominus} = \frac{[ML_a^{n-a}]}{[M^{n+}][L^-]^a}$$

配合物的稳定性可用平衡常数 $K_s^{\ominus}$ 表示,数值越大配合物越稳定。增加配体(L^-)或金属离子(M^{n+})浓度有利于配合物 $\{[ML_a]^{n-a}\}$ 的形成,而降低配体和金属离子的浓度则有利于配合物的解离。如溶液酸碱性的改变,可能引起配体的酸效应或金属离子的水解等,就会导致配合物的解离;若有沉淀剂能与中心离子形成沉淀的反应发生,引起中心离子浓度的减少,也会使配位平衡朝解离的方向移动;若加入另一种配体,能与中心离子形成稳定性更好的配合物,则同样导致配合物的稳定性降低;若沉淀平衡中有配位反应发生,则有利于沉淀溶解,配位平衡与沉淀平衡的关系总是朝着生成更难解离或更难溶解物质的方向移动;若氧化还原平衡中有配位反应发生,则由于中心离子浓度的改变,导致氧化还原电对的电极电势也随之改变,从而改变中心离子的氧化还原能力。

配位反应应用广泛,如利用金属离子生成配离子后的颜色、溶解度、氧化还原性等一系列性质的改变,进行离子鉴定、掩蔽干扰离子等。

(三) 仪器与试剂

1. **仪器** 试管、离心试管、漏斗、离心机、酒精灯、白瓷点滴板。
2. **试剂** $CuSO_4$ 溶液(0.1mol/L)、$NH_3 \cdot H_2O$ 溶液(2mol/L)、乙醇溶液(95%)、$BaCl_2$ 溶液(0.1mol/L)、NaOH 溶液(0.1mol/L)、$FeCl_3$ 溶液(0.1mol/L)、KSCN 溶液(0.1mol/L)、$K_3[Fe(CN)_6]$ 溶液(0.1mol/L)、$NH_4Fe(SO_4)_2$ 溶液(0.1mol/L)、Na_2S 溶液(0.1mol/L)、NH_4F 溶液(2mol/L)、$(NH_4)_2C_2O_4$ 溶液(饱和)、H_2SO_4 溶液(1mol/L)、NaOH 溶液(2mol/L)、$AgNO_3$ 溶液(0.1mol/L)、NaCl 溶液(0.1mol/L)、$NH_3 \cdot H_2O$(6mol/L)、KBr 溶液(0.1mol/L)、$Na_2S_2O_3$ 溶液(0.1mol/L)、KI 溶液(0.1mol/L)、$Na_2S_2O_3$ 溶液(饱和)、Na_2S 溶液(0.1mol/L)、CCl_4、蒸馏水、$CrCl_3$ 溶液(0.1mol/L)、

EDTA 溶液(0.1mol/L)、CoCl₂ 溶液(0.1mol/L)、FeSO₄ 溶液(0.1mol/L)、邻菲咯啉溶液(0.25%)、NiSO₄ 溶液(0.1mol/L)、二甲基乙二肟溶液(1%)、KSCN 溶液(1mol/L)、戊醇(或丙酮)。

（四）实验内容

1. 配合物的生成和组成

配合物的生成和组成

（1）配合物的生成：在试管中加入 2ml 0.1mol/L CuSO₄ 溶液，再逐滴加入 2mol/L 的 NH₃·H₂O，观察现象，继续滴加氨水至沉淀溶解而形成深蓝色溶液，然后加入 2ml 95% 乙醇溶液，振荡试管，有何现象？静置几分钟，过滤，分出晶体，所得晶体为何物？此时，直接在滤纸上逐滴加入 2mol/L NH₃·H₂O 使晶体溶解，在漏斗下端放 1 支试管承接此溶液，保留备用。写出相应离子方程式。

（2）配合物的组成：将上述溶液分成 2 份，在一支试管中加入 2 滴 0.1mol/L BaCl₂ 溶液，另一支试管中加入 2 滴 0.1mol/L NaOH 溶液，观察现象，写出离子方程式。

另取 2 支试管，各加入 5 滴 0.1mol/L CuSO₄ 溶液，然后分别向试管中加入 2 滴 0.1mol/L BaCl₂ 溶液和 2 滴 0.1mol/L NaOH 溶液，观察现象，写出离子方程式。比较 2 次实验结果，分析该配合物的内界和外界组成，写出相应离子方程式。

2. 配合物与简单化合物、复盐的区别

配合物与简单化合物的区别

（1）在一支试管中加入 10 滴 0.1mol/L FeCl₃ 溶液，再滴加 2 滴 0.1mol/L KSCN 溶液，观察溶液呈何颜色。

（2）取另一支试管，以 0.1mol/L K₃[Fe(CN)₆]溶液代替 FeCl₃ 溶液，同法进行实验，观察现象是否相同。

（3）如何用实验证明硫酸铁铵是复盐，请设计步骤并实验之。

提示：取 3 支试管，各加入 5 滴 0.1mol/L NH₄Fe(SO₄)₂ 溶液，分别用相应方法鉴定 NH₄⁺、Fe³⁺、SO₄²⁻ 的存在。

3. 配位平衡及其移动

（1）配位平衡：在 3 支试管中，各加入少量自制的硫酸四氨合铜溶液，分别滴加 2 滴 0.1mol/L BaCl₂ 溶液、2 滴 0.1mol/L NaOH 溶液、2 滴 0.1mol/L Na₂S 溶液，观察现象，说明原因。

（2）配合物的取代反应：在一支试管中，加入 10 滴 0.1mol/L FeCl₃ 溶液和 1 滴 0.1mol/L KSCN 溶液，观察溶液颜色。向其中滴加 2mol/L NH₄F 溶液，溶液颜色又有怎样变化？当溶液变为无色，再滴入饱和(NH₄)₂C₂O₄ 溶液，溶液颜色又有怎样变化？简单解释上述现象，并写出离子方程式。

（3）配位平衡与酸碱平衡

1）取 2 支试管，各加入少量自制的硫酸四氨合铜溶液，一支逐滴加入 1mol/L H₂SO₄ 溶液，直至深蓝色变浅；另一支滴加 2mol/L NaOH 溶液，观察现象，说明配离子[Cu(NH₃)₄]²⁺ 在酸性和碱性溶液中的稳定性，写出有关的离子方程式。

2）在一支试管中，先加入 10 滴 0.1mol/L FeCl₃ 溶液，再逐滴滴加 2mol/L NH₄F 溶液，至溶液颜色呈无色，将此溶液分成 2 份，分别逐滴加入 1mol/L HCl 溶液和 2mol/L NaOH 溶液，观察现象，说明配离子[FeF₆]³⁻ 在酸性和碱性溶液中的稳定性，写出有关的离子方程式。

（4）配位平衡与沉淀溶解平衡：在一支离心试管中加入 1~2 滴 0.1mol/L AgNO₃ 溶液，按下列步骤进行实验：

1）逐滴加入 0.1mol/L NaCl 溶液至沉淀刚生成。

2）逐滴加入 6mol/L 氨水至沉淀恰好溶解。

3）逐滴加入 0.1mol/L KBr 溶液至刚有沉淀生成。

4）逐滴加入 0.1mol/L $Na_2S_2O_3$ 溶液,边滴边剧烈振摇至沉淀恰好溶解。

5）逐滴加入 0.1mol/L KI 溶液至沉淀刚生成。

6）逐滴加入饱和 $Na_2S_2O_3$ 溶液,至沉淀恰好溶解。

7）逐滴加入 0.1mol/L Na_2S 溶液至沉淀刚生成。

写出每步有关的离子方程式,比较几种沉淀的溶度积大小和几种配离子稳定常数大小,讨论配位平衡与沉淀平衡的关系。

(5) 配位平衡与氧化还原反应:取 2 支试管各加 5 滴 0.1mol/L 的 $FeCl_3$ 溶液及 10 滴 CCl_4,然后往一支试管滴加 2mol/L NH_4F 溶液至溶液变为无色,另一支试管中滴加几滴蒸馏水,摇匀后在 2 支试管中分别再滴加 5 滴 0.1mol/L KI 溶液,振荡后比较两试管中 CCl_4 层颜色,解释现象并写出离子方程式。

配合平衡及
其移动

4. 配合物的活动性　取一支试管,加入 10 滴 0.1mol/L 的 $CrCl_3$ 溶液和 2ml 0.1mol/L EDTA 溶液,摇匀,观察是否有配合物生成,然后将溶液加热,继续观察现象并解释。

5. 配合物的水合异构现象

(1) 取一支试管,加入 0.5ml 0.1mol/L 的 $CrCl_3$ 溶液和 0.5ml 蒸馏水摇匀,等分为 2 份;一份加热,另一份为对照,观察溶液加热后颜色的变化;然后将溶液冷却,观察现象并解释。

反应方程式如下:

$$[Cr(H_2O)_6]^{3+} + 2Cl^- = [Cr(H_2O)_4Cl_2]^+ + 2H_2O$$

(2) 取一支试管,加入 0.5ml 0.1mol/L $CoCl_2$ 溶液,加热,观察溶液颜色变化,然后将溶液冷却,观察现象并解释。反应方程式如下:

$$[Co(H_2O)_6]^{2+} + 4Cl^- = [Co(H_2O)_2Cl_4]^{2-} + 4H_2O$$

6. 配合物的应用

(1) 取 2 支试管,各加 10 滴自制的 $[Fe(SCN)_6]^{3-}$、$[Cu(NH_3)_4]^{2+}$,然后分别滴加 0.1mol/L EDTA 溶液,观察现象并解释。

(2) 在小试管中(或白瓷点滴板上),加 1 滴 0.1mol/L $FeSO_4$ 溶液及 3 滴 0.25% 邻菲咯啉溶液,观察现象。此反应可作为 Fe^{2+} 的鉴定反应。

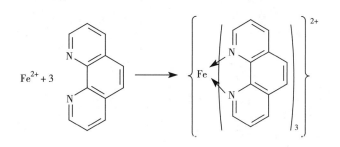

配合物的
应用

(3) 在试管内(或白瓷点滴板上),加 2 滴 0.1mol/L $NiSO_4$ 溶液及 1 滴 2mol/L $NH_3 \cdot H_2O$ 和 2 滴二甲基乙二肟溶液,观察现象。此反应可作为 Ni^{2+} 的鉴定反应。

$$\mathrm{Ni^{2+}} + 2 \begin{array}{l} \mathrm{CH_3-C=NOH} \\ | \\ \mathrm{CH_3-C=NOH} \end{array} \longrightarrow \cdots \downarrow + 2\mathrm{H^+}$$

(4) 在鉴定和分离离子时,常常利用形成配合物的方法来掩蔽干扰离子。例如 $\mathrm{Co^{2+}}$ 和 $\mathrm{Fe^{3+}}$ 共存时,采用 $\mathrm{NH_4F}$ 来掩蔽 $\mathrm{Fe^{3+}}$,不需分离即可用 KSCN 法鉴定 $\mathrm{Co^{2+}}$。

在一支试管中加入 2 滴 0.1mol/L $\mathrm{CoCl_2}$ 溶液和几滴 1mol/L KSCN 溶液,再加一些戊醇(或丙酮),观察现象。

在一支试管中加入 1 滴 0.1mol/L 的 $\mathrm{FeCl_3}$ 溶液和 5 滴 0.1mol/L 的 $\mathrm{CoCl_2}$ 溶液,加几滴 1mol/L KSCN 溶液,有何现象? 逐滴加入 2mol/L 的 $\mathrm{NH_4F}$ 溶液,并振摇试管,观察现象;等溶液的血红色褪去后,加一些戊醇(或丙酮),振摇,静置,观察戊醇层(或丙酮)颜色。

(五) 实验提示

1. 通常在性质实验中,生成沉淀的步骤,沉淀量要少,即刚观察到沉淀生成就可以;沉淀溶解的步骤,加入试液量越少越好,以使沉淀恰好溶解为宜。因此,溶液必须逐滴加入,且边滴边摇,若试管中溶液量太多,可在生成沉淀后,离心沉降弃去清液,再继续实验。

2. $\mathrm{NH_4F}$ 试剂对玻璃有腐蚀作用,储藏时需放在塑料瓶中。

3. 注意配合物的活动性是指配合物在反应速率方面的性能。Cr-EDTA 配合物的稳定性相当高,但反应速率较慢。在室温下很少发生反应,必须在 EDTA 过量且加热煮沸下才能形成相应配合物。

(六) 实验思考

1. 试总结影响配位平衡的主要因素。

2. 配合物与复盐的区别是什么?

3. 实验中所用 EDTA 是什么物质? 它与单基配体相比有何特点?

4. 为什么 $\mathrm{Na_2S}$ 不能使 $\mathrm{K_4[Fe(CN)_6]}$ 产生 FeS 沉淀,而饱和的 $\mathrm{H_2S}$ 溶液能使 $\mathrm{[Cu(NH_3)_4]^{2+}}$ 溶液产生 CuS 沉淀?

(贾力维　李德慧　申铠)

◇◇◇ 实验十 ◇◇◇

银氨配离子配位数的测定

(一) 实验目的

1. 应用配位平衡和沉淀溶解平衡、溶度积原理等知识测定银氨配离子的配位数和稳定常数。

2. 进一步练习和掌握移液管和滴定管的操作技术及数据处理、作图方法。

(二) 实验原理

滴加 $AgNO_3$ 溶液至含有定量 KBr 和 NH_3 的水溶液中,直到刚刚出现 AgBr 沉淀(混浊)不消失为止。这时混合溶液中存在着以下沉淀溶解平衡和配位平衡。

$$AgBr(s) \rightleftharpoons Ag^+ + Br^-$$

$$[Ag^+][Br^-] = K_{sp,AgBr}^\ominus \tag{3-10-1}$$

$$Ag^+ + nNH_3 \rightleftharpoons [Ag(NH_3)_n]^+$$

$$\frac{[Ag(NH_3)_n]^+}{[Ag^+][NH_3]^n} = K_{s,[Ag(NH_3)_n]^+}^\ominus \tag{3-10-2}$$

得:

$$AgBr(s) + nNH_3 \rightleftharpoons [Ag(NH_3)_n]^+ + Br^-$$

$$K^\ominus = \frac{[Ag(NH_3)_n^+][Br^-]}{[NH_3]^n} = K_{s,[Ag(NH_3)_n]^+}^\ominus \times K_{sp,AgBr}^\ominus \tag{3-10-3}$$

整理式(3-10-3),得

$$[Ag(NH_3)_n^+][Br^-] = K^\ominus[NH_3]^n \tag{3-10-4}$$

将式(3-10-4)两边取对数,得直线方程:

$$\lg[Ag(NH_3)_n^+][Br^-] = n\lg[NH_3] + \lg K^\ominus \tag{3-10-5}$$

以 $\lg[Ag(NH_3)_n^+][Br^-]$ 为纵坐标,$\lg[NH_3]$ 为横坐标作图,所得直线的斜率即为 $[Ag(NH_3)_n]^+$ 的配位数 n。

根据直线在 y 轴的截距可求得 $K^\ominus$。$K_{sp,AgBr}^\ominus$ 已知,可代入式(3-10-3)求得 $[Ag(NH_3)_n]^+$ 的稳定常数。

$[Br^-]$、$[NH_3]$、$[Ag(NH_3)_n]^+$ 皆指平衡时的浓度,可近似计算如下:

设混合溶液中,最初取用的 KBr 溶液浓度为 $[Br^-]_0$,体积为 V_{Br^-},$NH_3 \cdot H_2O$ 浓度为 $[NH_3]_0$,体积为 V_{NH_3},加入 $AgNO_3$ 溶液的浓度为 $[Ag^+]_0$,体积为 V_{Ag^+}。混合溶液的总体积为 $V_{总}$,$V_{总} = V_{Br^-} + V_{NH_3} + V_{Ag^+}$,则混合后并达平衡时:

$$[Br^-] = [Br^-]_0 \times \frac{V_{Br^-}}{V_{总}} \tag{3-10-6}$$

$$[NH_3] = [NH_3]_0 \times \frac{V_{NH_3}}{V_{总}} \qquad (3\text{-}10\text{-}7)$$

$$[Ag(NH_3)_n^+] = [Ag^+]_0 \times \frac{V_{Ag^+}}{V_{总}} \qquad (3\text{-}10\text{-}8)$$

（三）仪器与试剂

1. 仪器　碱式滴定管、酸式滴定管、移液管（25ml）、小烧杯（100ml）、锥形瓶、滴定台架。

2. 试剂　$AgNO_3$溶液（0.010mol/L）、KBr溶液（0.010mol/L）、$NH_3 \cdot H_2O$（2.00mol/L，当天配制，用标准酸进行滴定）。

3. 其他　直角坐标纸。

（四）实验步骤

1. 滴定　将 0.010mol/L $AgNO_3$ 溶液置于酸式滴定管（棕色最佳）中，将 2.00mol/L $NH_3 \cdot H_2O$ 置于碱式滴定管中，液面均至零刻度，固定于滴定台上。

用移液管量取 25.00ml 0.010mol/L KBr 溶液，加入干燥的 250ml 锥形瓶中，从碱式滴定管中放出 12.00ml 氨水置于同一锥形瓶中，不断振荡锥形瓶，然后从酸式滴定管中逐滴加入 0.010mol/L $AgNO_3$ 溶液，直至刚开始出现不消失的混浊时，停止滴定。记下加入的 $AgNO_3$ 溶液的体积 V_{1,Ag^+} 和溶液的总体积 $V_{总}$（加入的 $V_{Br^-} = 25.00ml$，$V_{NH_3} = 12.00ml$），填入表 3-10-1 中。

2. 重复操作　向同一锥形瓶中继续加入 3.00ml 氨水，则 2 次所加氨水的体积之和为 15.00ml，然后继续逐滴加 $AgNO_3$ 溶液，同样至刚出现不消失的混浊为止。记下 2 次累计用去 $AgNO_3$ 溶液的体积 V_{2,Ag^+} 和溶液总体积 $V_{总}$（$V_{Br^-} = 25.00ml$，$V_{NH_3} = 15.00ml$）。

用同样的上述方法，按照表 3-10-1 中氨水的累积用量继续进行 4 次滴定实验。记录加入 $AgNO_3$ 溶液的累计体积 V_{3,Ag^+}、V_{4,Ag^+}、V_{5,Ag^+}、V_{6,Ag^+}，填入表 3-10-1 中。

（五）数据记录与结果处理

1. 计算各次滴定中的 $[Br^-]$、$[Ag(NH_3)_n^+]$、$[NH_3]$、$lg [Ag(NH_3)_n^+][Br^-]$ 及 $lg [NH_3]$，将计算结果填入表 3-10-1 中。

表 3-10-1　银氨配离子配位数的测定数据记录表

滴定序号	1	2	3	4	5	6
V_{Br^-}/ml	25.00	25.00	25.00	25.00	25.00	25.00
V_{NH_3}/ml	12.00	15.00	19.00	24.00	31.00	45.00
V_{Ag^+}/ml						
$V_{总}$/ml						
$[Br^-]$/(mol/L)						
$[NH_3]$/(mol/L)						
$[Ag(NH_3)_n^+]$/(mol/L)						
$lg [Ag(NH_3)_n^+][Br^-]$						
$lg [NH_3]$						

2. 求配位数 n　以 $lg [Ag(NH_3)_n^+][Br^-]$ 为纵坐标，$lg [NH_3]$ 为横坐标作图，求出直线的斜率，从而求得 $[Ag(NH_3)_n]^+$ 的配位数 n（取最接近的整数）。

3. 求 $K^{\ominus}$ 和 $K_s^{\ominus}$　根据直线在纵坐标轴上的截距 $\lg K^{\ominus}$，求出 $K^{\ominus}$，并利用式(3-10-3)计算 $[Ag(NH_3)_n]^+$ 的 $K_s^{\ominus}$。将得到的 $K_s^{\ominus}$ 与文献值比较。

（六）实验提示

1. 本实验所用 $NH_3 \cdot H_2O$ 必须是新标定的，若为放置过久的，要重新标定。如果所配 2.00mol/L $NH_3 \cdot H_2O$ 已隔天或放置过久（即不是当天标定），由于氨气的挥发（尤其是夏天），使 $[NH_3]_0$ 变小，则会引起 $K_s^{\ominus}$ 增大。

2. 本实验用的锥形瓶必须是干燥的，量取 KBr 溶液的体积时要非常准确；如瓶壁不干或 KBr 量取稍不准确，将会影响 $AgNO_3$ 用量及 $V_{总}$，从而影响 n 值。

3. 本实验成功的关键在于滴定终点的观察和判断，以刚出现白色混浊又不消失为准，可先练习 1~2 次，以熟悉终点的判断。接近终点时要 1 滴或半滴地加入 $AgNO_3$ 溶液。读数一定要估读，且前几个点用量很少，滴定一定要小心。

（七）实验思考

1. 在计算平衡浓度 $[Br^-]$、$[NH_3]$、$[Ag(NH_3)_n^+]$ 时，为什么不考虑进入 AgBr 沉淀中的 $[Br^-]$、进入 AgBr 沉淀和配离子离解出来的 Ag^+，以及生成配离子时消耗掉的 NH_3 分子等的浓度？

2. 在滴定时，若发现加入的 $AgNO_3$ 溶液少量过量，能否在此实验基础上设法补救？

3. 在其他实验条件完全相同的情况下，能否用相同浓度的 KCl 溶液或 KI 溶液进行本实验？为什么？

（徐飞　崔波　姚华刚）

实验十一
卤素、硫、磷、砷、硼

(一) 实验目的

1. 掌握卤素离子的还原性和卤素含氧酸盐的氧化性。
2. 比较重金属硫化物的溶解性。
3. 掌握硫的含氧酸盐的性质。
4. 掌握磷酸盐的主要性质。
5. 了解砷化物、硼酸和硼砂的性质。

(二) 实验原理

卤素的标准电极电势大小为 $E^{\ominus}_{Cl_2/Cl^-} > E^{\ominus}_{Br_2/Br^-} > E^{\ominus}_{I_2/I^-}$，单质的氧化性强弱顺序为 $Cl_2 > Br_2 > I_2$，离子的还原性强弱顺序为 $I^- > Br^- > Cl^-$。卤素的含氧酸盐都具有氧化性；次氯酸盐是强氧化剂；氯酸盐在中性溶液中没有明显的氧化性，但在酸性介质中表现出明显的氧化性。

金属硫化物的 $K^{\ominus}_{sp}$ 相差很大，如 $MnS(K^{\ominus}_{sp}=2.5\times10^{-13})$ 等 $K^{\ominus}_{sp}$ 较大的金属硫化物在 HAc 溶液中即可溶解；$ZnS(K^{\ominus}_{sp}=2.5\times10^{-22})$ 等 $K^{\ominus}_{sp}$ 较小的硫化物可溶于盐酸中；$CuS(K^{\ominus}_{sp}=6.3\times10^{-36})$ 等 $K^{\ominus}_{sp}$ 更小的金属硫化物，浓盐酸也不能使之溶解，但能溶于具有强氧化性的硝酸中；$HgS(K^{\ominus}_{sp}=4.0\times10^{-53})$ 等 $K^{\ominus}_{sp}$ 极小的金属硫化物，只能溶解于王水中。

Na_2SO_3 中硫的氧化数为 +4，既具有氧化性又具有还原性，且还原性较强，但遇到强还原剂时，又表现出氧化性。$Na_2S_2O_3$ 是中等强度的还原剂，当遇到不同强度的氧化剂时，其氧化产物不同。$Na_2S_2O_3$ 遇酸生成 $H_2S_2O_3$，$H_2S_2O_3$ 不稳定，极易分解。

磷酸是一种非挥发性中等强度的三元酸，可以形成 3 种不同类型的盐，各种盐溶液的酸碱性及其在水中的溶解度不同。

砷的氧化数有 +3 和 +5。As_2O_3 为两性氧化物，酸性高于碱性。亚砷酸盐有一定的还原性，在弱碱性介质中，可被弱氧化剂 I_2 氧化为砷酸盐。砷酸盐具有氧化性，在酸性介质中可将 I^- 氧化成 I_2。砷酸盐和亚砷酸盐在中性溶液中与 $AgNO_3$ 反应，生成不同颜色的产物，可以鉴定 AsO_4^{3-} 和 AsO_3^{3-}。

硼酸为一元弱酸，其溶解度随温度的升高而明显增加。硼砂的化学式为 $Na_2B_4O_7\cdot10H_2O$，易溶于水，由于水解使溶液显碱性。熔融的硼砂可以溶解许多金属氧化物，且呈现出特征颜色，利用此特性可以检验某些金属元素。

$$Na_2B_4O_7\cdot10H_2O \xrightarrow{\triangle} B_2O_3 + 2NaBO_2 + 10H_2O$$

$$B_2O_3 + CoO \xrightarrow{\triangle} Co(BO_2)_2$$

$$3B_2O_3 + Cr_2O_3 \xrightarrow{\triangle} 2Cr(BO_2)_3$$

(三) 仪器与试剂

1. **仪器** 离心机、离心试管(5ml)5 支、试管(10ml)20 支、酒精灯、蒸发皿(100ml)、铂丝。
2. **试剂** $NaCl(s)$、$KBr(s、0.1mol/L)$、$KI(s、0.1mol/L)$、$KClO_3(s)$、$Ca(ClO)_2(s)$、$As_2O_3(s)$、

CuO（s）、CoO（s）、H₂S（饱和溶液）、HCl（浓、6mol/L、2mol/L、1mol/L）、H₂SO₄（浓、3mol/L、2mol/L）、HNO₃（浓、6mol/L）、HAc 溶液（1mol/L）、NH₃·H₂O（浓、2mol/L）、NaOH 溶液（2mol/L）、FeCl₃ 溶液（0.1mol/L）、MnSO₄ 溶液（0.1mol/L）、ZnSO₄ 溶液（0.1mol/L）、CuSO₄ 溶液（0.1mol/L）、Hg（NO₃）₂ 溶液（0.1mol/L）、Na₂SO₃ 溶液（0.5mol/L）、Na₂S₂O₃ 溶液（0.1mol/L）、NaH₂PO₄ 溶液（0.1mol/L）、Na₂HPO₄ 溶液（0.1mol/L）、Na₃PO₄ 溶液（0.1mol/L）、KMnO₄ 溶液（0.1mol/L）、BaCl₂ 溶液（0.1mol/L）、CaCl₂ 溶液（0.2mol/L）、AgNO₃ 溶液（0.1mol/L）、硼酸（s）、硼砂（s）、氯水（新制）、碘水、CCl₄、甘油、甲基橙溶液（0.01%）、乙醇、淀粉 - 碘化钾试纸、乙酸铅试纸、广泛 pH 试纸。

（四）实验内容

1. 卤素离子

（1）取 1 支干燥的试管，向其中加入少量 NaCl 固体和 1ml 浓 H₂SO₄，微热，用玻璃棒蘸取浓 NH₃·H₂O，移近试管口，观察现象，解释原因并写出相应的化学反应方程式。

（2）取 2 支干燥的试管，用 KBr 固体和 KI 固体代替 NaCl 固体，进行同样的实验，并分别用湿润的淀粉 - 碘化钾试纸、乙酸铅试纸，在试管口检验产生的气体。观察现象，解释原因并写出相应的化学反应方程式。

（3）取 2 支干净的试管，分别加入 0.5ml 0.1mol/L 的 KI 溶液和 KBr 溶液，然后各加入 2 滴 0.1mol/L FeCl₃ 溶液和 0.5ml CCl₄，振荡试管，观察 CCl₄ 层颜色的变化，解释原因并写出相应的化学反应方程式。

根据以上实验结果，比较卤素离子还原性的强弱。

2. 卤素含氧酸盐

（1）次氯酸盐：取 Ca（ClO）₂ 固体少许放入干燥的试管中，加入 2mol/L HCl 溶液约 1ml，振荡试管，用淀粉 - 碘化钾试纸检验生成的气体，观察现象，解释原因并写出相应的化学反应方程式。

（2）氯酸盐：取 KClO₃ 固体少许放入干净的试管中，加蒸馏水使之溶解，分为 2 份，一份加入几滴 3mol/L H₂SO₄ 溶液酸化。再分别加入 5 滴 0.1mol/L KI 溶液和 0.5ml CCl₄，振荡试管，观察 CCl₄ 层的变化。比较 KClO₃ 在中性和酸性介质中氧化性的强弱。

3. 金属硫化物　取 4 支离心试管，分别加入 0.5ml 0.1mol/L 的 MnSO₄ 溶液、ZnSO₄ 溶液、CuSO₄ 溶液和 Hg（NO₃）₂ 溶液，然后在各试管中逐滴加入 1ml 饱和 H₂S 溶液。观察现象，离心沉降，弃去上层清液。

（1）在 MnS 沉淀中逐滴加入 1mol/L HAc 溶液，观察沉淀是否溶解。

（2）在 ZnS 沉淀中逐滴加入 1mol/L HCl 溶液，观察沉淀是否溶解。

（3）在 CuS 沉淀中逐滴加入浓盐酸，观察沉淀是否溶解；如不溶解，离心沉降，弃去上层清液，再向沉淀中逐滴加入 6mol/L HNO₃ 溶液，水浴加热，观察沉淀是否溶解。

（4）在 HgS 沉淀中加入适量蒸馏水，振荡试管，离心沉降，弃去上层清液，在沉淀中逐滴加入浓 HNO₃，观察沉淀是否溶解；如不溶解，再加浓盐酸（加入浓盐酸的体积是浓硝酸体积的 3 倍），振荡试管，观察沉淀是否溶解。

依据 4 种金属硫化物与酸反应的情况，比较它们溶度积的大小。

4. 硫的含氧酸盐

（1）亚硫酸盐：取 1 支干净的试管，加入 2ml 0.5mol/L 的 Na₂SO₃ 溶液，再加入 1ml 2mol/L 的 H₂SO₄ 溶液，使之酸化，将溶液分为 2 份，一份中逐滴滴加饱和 H₂S 溶液，另一份中逐滴滴加 0.1mol/L KMnO₄ 溶液，观察现象，解释原因并写出相应的化学反应方程式。

（2）硫代硫酸盐

1）取 1 支干净的试管，加入 0.1mol/L $Na_2S_2O_3$ 溶液 0.5ml，再加入 3mol/L H_2SO_4 溶液 5 滴，观察现象，解释原因并写出相应的化学反应方程式。

2）取 1 支干净的试管，加入 0.1mol/L $Na_2S_2O_3$ 溶液 0.5ml，再滴加碘水，观察溶液颜色的变化，解释原因并写出相应的化学反应方程式。

3）取 1 支干净的试管，加入 0.1mol/L $Na_2S_2O_3$ 溶液 0.5ml，再滴加氯水，设法验证生成的 SO_4^{2-}，并写出相应的化学反应方程式。

5. 磷酸盐

（1）磷酸盐溶液的酸碱性：取 3 支试管，分别加入 5 滴 0.1mol/L NaH_2PO_4 溶液、Na_2HPO_4 溶液及 Na_3PO_4 溶液，分别用玻璃棒蘸取少许溶液在 pH 试纸上测定溶液的酸碱性，比较它们的 pH 大小，并写出相应的离子方程式。

（2）磷酸盐溶液的溶解度：取 3 支试管，分别加入 5 滴 0.1mol/L 的 Na_3PO_4、Na_2HPO_4 及 NaH_2PO_4 溶液。

1）在各试管中加入 5 滴 0.2mol/L $CaCl_2$ 溶液，观察是否有沉淀产生。

2）在各试管中加入 2mol/L $NH_3 \cdot H_2O$ 溶液，观察有何变化。

3）在各试管中加入 2mol/L HCl 溶液，观察沉淀是否溶解。

根据实验现象，写出反应的方程式，比较 $Ca_3(PO_4)_2$、$CaHPO_4$ 和 $Ca(H_2PO_4)_2$ 溶解度的大小，总结它们之间相互转化的条件。

6. 砷化物

（1）As_2O_3

1）取 1 支干净的试管，加入少量 As_2O_3 固体，加蒸馏水使之溶解（可缓慢加热），用玻璃棒蘸取少许溶液在 pH 试纸上测定溶液的酸碱性。

2）取 2 支干净的试管，分别加入少量 As_2O_3 固体，向其中一支试管中逐滴滴加 6mol/L HCl，另一支试管中逐滴滴加浓 HCl，观察现象。

3）取 1 支干净的试管，加入少量 As_2O_3 固体，逐滴滴加 2mol/L NaOH 溶液，观察实验现象。保留溶液，供下面实验使用。

（2）砷的含氧酸盐：取少量由上面实验得到的 Na_3AsO_3 溶液于洁净的试管中，逐滴滴加碘水，观察实验现象，然后将溶液用浓 HCl 酸化，观察溶液的变化，写出相应的化学反应方程式。

（3）亚砷酸盐和砷酸盐的鉴定：在中性亚砷酸盐和砷酸盐溶液中加入 0.1mol/L $AgNO_3$ 溶液，观察实验现象。

7. 硼化物

（1）硼酸

1）硼酸的生成：取 1 支干净的试管，加入 0.5g 硼砂，再加入 2ml 蒸馏水，缓慢加热使之溶解，用玻璃棒蘸取少许溶液在 pH 试纸上测定溶液的酸碱性，并写出相应的化学反应方程式。

向硼砂溶液中逐滴加入 6mol/L H_2SO_4 溶液，并将试管放入冰水中冷却，不断振荡试管，观察产物的颜色和状态，写出相应的化学反应方程式。

2）硼酸的性质：取 1 支干净的试管，加入少量硼酸固体，再加入蒸馏水，缓慢加热使之溶解，用玻璃棒蘸取少许溶液在 pH 试纸上测定溶液的 pH，向溶液中加 1 滴甲基橙指示剂，观察溶液的颜色。

将试管中的溶液分成 2 份,向其中一份中逐滴滴加 5 滴甘油,振荡试管使之混合均匀,观察溶液颜色的变化,并解释原因。

3) 硼酸的焰色反应:在蒸发皿里放入少量硼酸、1ml 乙醇溶液和数滴浓 H_2SO_4,混合均匀后,把蒸发皿放在有石棉网的三脚架上,点燃混合物。观察火焰的颜色,写出相应的化学反应方程式。

用硼砂代替硼酸做实验,观察现象,写出相应方程式。

(2) 硼酸盐

1) 硼砂珠的制备:用洁净的铂丝圈蘸取少许硼砂($Na_2B_4O_7 \cdot 10H_2O$),在氧化焰中灼烧,使生成玻璃状圆珠,观察硼砂珠的颜色。

2) 硼砂珠试验:用烧红的硼砂珠蘸上少量 CuO(s) 或 CoO(s),灼烧熔融,冷却后,观察硼砂珠的颜色。

(五) 实验提示

1. 氯气有毒且具有强烈的刺激性,吸入会刺激喉管,引起咳嗽和喘息,因此涉及氯气的反应要在通风橱中进行,氯水要新鲜配制。

2. 离心机使用时,要注意提前配平,离心试管需对称放置在离心机的套管内并且质量相等;转速应逐渐增加或降低;运动时要加盖,停止时让它自然停止。

3. As_2O_3 俗称砒霜,毒性很强,能破坏某些细胞呼吸酶,使组织细胞不能获氧而死亡,使用前要提出申请,实验前由 2 名教师共同取出,称取一定质量的样品后将剩余样品存放至指定场所,并且在实验过程中严禁入口或与伤口接触,废液需妥善处理。

4. 预习教材中相关的原理及反应方程式。

(六) 实验思考

1. 设计实验比较次氯酸盐和氯酸盐的氧化性强弱。

2. 如何判断长时间放置的 Na_2S、$Na_2S_2O_3$ 溶液是否失效?

3. 硼酸为弱酸,加入甘油后,硼酸的酸度会变大,为什么?

4. 为什么能用硼砂珠来鉴定金属氧化物或盐类? 如果不用硼砂而用硼酸代替,是否可以?

5. 为什么硫酸能从硼砂中取代出硼酸? 加进甘油后,为什么硼酸溶液的酸度会变大?

6. 为什么在 3mol/L HCl 溶液中,H_3AsO_4 能将 KI 氧化成 I_2;而在 $NaHCO_3$ 介质中,$NaAs(OH)_4$ 能将 I_2 还原成 I^-? 试通过计算说明,并写出反应式。

（朱　鑫　齐学洁　姚华刚）

◇◇◇ 实验十二 ◇◇◇
铬、锰、铁、铜、银、汞

（一）实验目的

1. 了解铬、锰、铁、铜、银、汞的重要价态化合物的生成和性质。
2. 掌握 Cr^{3+}、Mn^{2+}、Fe^{3+}、Fe^{2+} 化合物的氧化还原性以及介质对氧化还原反应的影响。
3. 掌握 Cu^{2+}、Ag^+、Hg^{2+} 混合离子的分离和鉴定方法。

（二）实验原理

d 区元素存在多种氧化态，一般高氧化态的常作氧化剂，低氧化态的常作还原剂，在不同的酸碱性介质中其氧化还原产物不同。一些 d 区元素的氢氧化物具有两性，既能与酸又能与碱反应。d 区元素形成配合物的能力很强，其离子的配合物一般都是有色的。

Cr 是周期系ⅥB 族元素，常见的氧化数有 +2、+3、+6；锰是周期系ⅦB 元素，常见的氧化数有 +2、+4、+6、+7；铁是Ⅷ族元素，常见氧化数为 +2、+3。

Cu、Ag 属于ⅠB 族元素，Hg 属于ⅡB 族元素。在化合物中，Ag 的常见氧化数为 +1，Cu、Hg 有 +1 和 +2 两种；Cu^+ 在溶液中自发歧化，Hg_2^{2+} 在加入配合剂或沉淀剂时才歧化。

Cr（Ⅲ）盐溶液与适量的氨水或 NaOH 溶液作用时，即有灰绿色 $Cr(OH)_3$ 胶状沉淀生成，而且其具备两性；$Mn(OH)_2$ 呈白色，碱性；$Fe(OH)_2$ 呈白色，碱性；$Fe(OH)_3$ 呈棕色，两性极弱；$Mn(OH)_2$ 和 $Fe(OH)_2$ 极易被空气氧化为 $MnO(OH)_2$（棕黑）和 $Fe(OH)_3$（棕）。

由 Cr（Ⅲ）氧化成 Cr（Ⅵ），需加入氧化剂，且在碱性介质中进行。如：

$$2CrO_2^- + 3H_2O_2 + 2OH^- \rightleftharpoons 2CrO_4^{2-} + 4H_2O$$

而 Cr（Ⅵ）还原成 Cr（Ⅲ），需加入还原剂，且在酸性介质中进行。如：

$$Cr_2O_7^{2-} + 3S^{2-} + 14H^+ \rightleftharpoons 2Cr^{3+} + 3S\downarrow + 7H_2O$$

铬酸盐和重铬酸盐在溶液中存在下列平衡：

$$2CrO_4^{2-} + 2H^+ \rightleftharpoons Cr_2O_7^{2-} + H_2O$$

加酸或碱可使平衡移动。一般多酸盐溶解度比单酸盐大，故在 $K_2Cr_2O_7$ 溶液中加入 Pb^{2+}，实际生成 $PbCrO_4$ 黄色沉淀。

Mn（Ⅳ）的化合物中，最重要的是 MnO_2，它在酸性介质中是强氧化剂。Mn（Ⅵ）由 MnO_2 和强碱在氧化剂 $KClO_3$ 的作用下加强热而制得。绿色锰酸钾溶液极易歧化：

$$3K_2MnO_4 + 2H_2O \rightleftharpoons 2KMnO_4 + MnO_2\downarrow + 4KOH$$

K_2MnO_4 可被 Cl_2 氧化成 $KMnO_4$。

$KMnO_4$ 是强氧化剂，它的还原产物随介质酸碱性不同而异。MnO_4^- 在酸性溶液中被还原成 Mn^{2+}，在中性溶液中被还原为 MnO_2，在强碱性介质中被还原成 MnO_4^{2-}。

Fe^{3+} 和 Fe^{2+} 由于半径较小，d 轨道又未完全充满电子，所以可与 F^-、SCN^-、CN^- 形成配合物。Fe^{3+} 与 $[Fe(CN)_6]^{4-}$ 反应、Fe^{2+} 与 $[Fe(CN)_6]^{3-}$ 反应均生成蓝色沉淀或溶胶，前者称普鲁士蓝，后者称滕氏蓝，但两者结构相同，为 $KFe[Fe(CN)_6]$。

CuS、Ag_2S、HgS 均为黑色,不溶于水和酸,CuS 和 Ag_2S 溶于 HNO_3,而 HgS 则需王水才能溶,但 HgS 溶于过量 Na_2S 溶液,生成配离子 $[HgS_2]^{2-}$。利用这些离子的氯化物、硫化物溶解性的差异,可将它们进行分离和鉴定。

Cu^{2+} 氢氧化物呈两性偏碱,Ag^+、Hg^{2+} 氧化物呈碱性,Hg^+ 本身不存在氢氧化物或氧化物。当 Hg_2^{2+} 遇碱后,立即歧化为 HgO 和 Hg(黑)。

Cu^{2+}、Ag^+、Hg^{2+} 可与氨水作用,生成配离子。$[Cu(NH_3)_4]^{2+}$ 呈深蓝色,$[Ag(NH_3)_2]^+$ 呈无色,Hg^{2+} 与氨水在一般条件下只能生成白色的 $HgNH_2Cl(s)$,而 Hg_2^{2+} 与氨水则歧化为 $HgNH_2Cl(s)$ 和 Hg(黑色)。

Cu^{2+}、Ag^+、Hg^{2+}、Hg_2^{2+} 均可与 I^- 反应,生成 CuI(白色)、AgI(黄色),HgI_2(红色)、Hg_2I_2(黄绿色)沉淀。CuI 在过量 KI 溶液中也可生成 $[CuI_2]^-$。过量的 KI 溶液会使 HgI_2 生成稳定的配离子 $[HgI_4]^{2-}$,也会使 Hg_2I_2 发生歧化反应,生成 $[HgI_4]^{2-}$ 和 Hg。Cu^{2+} 与 I^- 反应,生成 CuI(白色)时,还会析出 I_2。

Cu^{2+}、Ag^+、Hg^{2+}、Hg_2^{2+} 都有一定的氧化性。反应式如下:

$$2[Cu(OH)_4]^{2-} + HCHO = HCOO^- + Cu_2O(s) + 3OH^- + 3H_2O$$
（蓝）　　　　　甲醛　　　甲酸根　　（红）

$$2[Ag(NH_3)_2]^+ + HCHO + 3OH^- = HCOO^- + 4NH_3 + 3H_2O + 2Ag$$
（无色）　　　　甲醛　　　　　甲酸根　　　　　　（银镜）

$$2Hg^{2+} + 6Cl^- + Sn^{2+} = SnCl_4 + Hg_2Cl_2(s)\,(白色)$$
$$Hg_2Cl_2 + Sn^{2+} + 2Cl^- = SnCl_4 + 2Hg\,(黑色)$$

（三）仪器与试剂

1. 仪器　试管、试管架、洗瓶、酒精灯。

2. 试剂　$K_2Cr_2O_7$ 溶液(0.1mol/L)、K_2CrO_4 溶液(0.1mol/L)、H_2SO_4 溶液(2mol/L)、$(NH_4)_2S$ 溶液(2mol/L)、$NaOH$ 溶液(2mol/L)、$Pb(NO_3)_2$ 溶液(0.1mol/L)、$KCr(SO_4)_2$ 溶液(0.1mol/L)、H_2SO_4 溶液(6mol/L)、$NaOH$ 溶液(6mol/L)、H_2O_2 溶液(3%)，$MnSO_4$ 溶液(0.1mol/L)、$KMnO_4$ 溶液(0.01mol/L)、$Na_2S_2O_3$ 溶液(0.1mol/L)、HAc 溶液(2mol/L)、$FeCl_3$ 溶液(0.1mol/L)、KI 溶液(0.1mol/L)、$(NH_4)_2Fe(SO_4)_2$ 溶液(0.1mol/L)、$K_3[Fe(CN)_6]$ 溶液(0.1mol/L)、$K_4[Fe(CN)_6]$ 溶液(0.1mol/L)、$KSCN$ 溶液(0.1mol/L)、饱和 H_2S 溶液、$CuSO_4$ 溶液(0.1mol/L)、$AgNO_3$ 溶液(0.1mol/L)、$Hg(NO_3)_2$ 溶液(0.1mol/L)、Na_2S 溶液(2mol/L)、HCl 溶液(6mol/L)、HNO_3 溶液(6mol/L)、浓 HCl、浓 HNO_3、$Hg_2(NO_3)_2$ 溶液(0.1mol/L)、$HgCl_2$ 溶液(0.1mol/L)、氨水(2mol/L)、$PbO_2(s)$、$KOH(s)$、$KClO_3(s)$、$MnO_2(s)$、$(NH_4)_2Fe(SO_4)_2 \cdot 6H_2O(s)$、$Hg_2Cl_2(s)$、铜片。

（四）实验内容

1. Cr(Ⅵ)化合物

(1) Cr(Ⅵ)的氧化性:取 2 滴 0.1mol/L $K_2Cr_2O_7$ 溶液,加 2 滴 2mol/L H_2SO_4 溶液酸化,再加 2 滴 2mol/L $(NH_4)_2S$ 溶液,微热,观察现象及颜色变化。

(2) 溶液中 CrO_4^{2-} 与 $Cr_2O_7^{2-}$ 间的平衡移动:取 4 滴 0.1mol/L K_2CrO_4 溶液,用 2 滴 2mol/L H_2SO_4 溶液酸化,观察颜色变化,再加入 2mol/L $NaOH$ 溶液,颜色又有何变化?

向 0.1mol/L $K_2Cr_2O_7$ 溶液中滴加 0.1mol/L $Pb(NO_3)_2$ 溶液,观察 $PbCrO_4$ 沉淀的生成。

2. Cr(Ⅲ)化合物

(1) $Cr(OH)_3$ 的两性:取 2 支试管,分别注入 0.1mol/L $KCr(SO_4)_2$ 溶液 5 滴和 2mol/L $NaOH$ 溶液 2 滴,观察灰绿色 $Cr(OH)_3$ 的沉淀生成。向上述两试管中分别滴加 2mol/L H_2SO_4

溶液和 6mol/L NaOH 溶液,观察其变化。

(2) Cr(Ⅲ)被氧化:向上面制得 Cr(OH)$_3$ 溶液中加入 3%H$_2$O$_2$ 溶液数滴并加热,有什么变化? 写出反应式。

3. 锰(Ⅱ)化合物

(1) Mn(OH)$_2$ 的生成和性质:向 5 滴 0.1mol/L MnSO$_4$ 溶液中,加 5 滴 2mol/L NaOH 溶液,立即观察现象(不振摇),放置后再观察现象有何变化。

(2) Mn(Ⅱ)被氧化:往试管中加入 1ml 6mol/L H$_2$SO$_4$ 溶液、少许 PbO$_2$(s) 及 1 滴 0.1mol/L MnSO$_4$ 溶液;将试管用小火加热,小心振荡,静置后观察溶液颜色的变化,写出反应式,并试用电极电势解释。

4. 锰(Ⅶ)化合物 取 3 支试管,各加入 2 滴 0.01mol/L KMnO$_4$ 溶液,其中第 1 支加入 5 滴 1mol/L H$_2$SO$_4$ 溶液、第 2 支加入 5 滴蒸馏水、第 3 支加入 5 滴 6mol/L NaOH 溶液,然后分别加数滴 0.1mol/L Na$_2$SO$_3$ 溶液,观察各试管所发生的现象。写出反应式,讨论介质对 KMnO$_4$ 还原产物的影响。

5. 锰(Ⅵ)化合物

(1) K$_2$MnO$_4$ 的生成:取一干燥小试管,放入一小粒 KOH 和约等体积的 KClO$_3$ 晶体(极少量),加热至熔结一起后,再加入少许 MnO$_2$,加热熔融,至熔结后,使试管口稍低于管底部,强热至熔块呈绿色,放置,待冷后加 4ml 水振荡使其溶解,溶液应呈绿色。写出反应式。

(2) K$_2$MnO$_4$ 的歧化:取少量上面自制的 K$_2$MnO$_4$ 溶液,加入稀乙酸,观察溶液颜色的变化和沉淀的生成。写出反应式

6. 铁(Ⅱ)化合物 向试管中加入 2ml 蒸馏水、2 滴 2mol/L H$_2$SO$_4$ 溶液使酸化,再往其中加入几粒硫酸亚铁铵晶体;在另一支试管中,煮沸 1ml 2mol/L NaOH 溶液,迅速加到硫酸亚铁铵的溶液中(不要振摇),观察现象。然后振摇,静置片刻,观察沉淀颜色的变化,观察现象的变化并解释每步操作的原因。

7. 铁(Ⅲ)化合物

(1) 在 0.1mol/L FeCl$_3$ 溶液中滴入 0.1mol/L KI 溶液,观察现象,设法检验所得产物是什么。

(2) 向 0.1mol/L FeCl$_3$ 溶液中滴加 2mol/L NaOH 溶液,观察现象并写出反应式。

8. Fe(Ⅱ)、Fe(Ⅲ)的配合物

(1) 在 5 滴 0.1mol/L(NH$_4$)$_2$Fe(SO$_4$)$_2$ 溶液中,滴加 0.1mol/L K$_3$[Fe(CN)$_6$]溶液,观察滕氏蓝蓝色沉淀(或溶胶)的形成。

(2) 在 10 滴 0.1mol/L FeCl$_3$ 溶液中,滴加 0.1mol/L K$_4$[Fe(CN)$_6$]溶液,观察普鲁士蓝深蓝色沉淀(或溶胶)的形成。

(3) 在 10 滴 0.1mol/L(NH$_4$)$_2$Fe(SO$_4$)$_2$ 溶液中,加入 1 滴 2mol/L H$_2$SO$_4$ 溶液及 0.1mol/L KSCN 溶液数滴,观察现象。然后再滴加 3% H$_2$O$_2$ 溶液数滴,观察颜色的变化。写出反应式。

9. Cu^{2+}、Ag$^+$、Hg^{2+} 与 H$_2$S 的反应 将饱和 H$_2$S 溶液分别试验与 0.1mol/L CuSO$_4$、AgNO$_3$ 和 Hg(NO$_3$)$_2$ 溶液作用,观察沉淀的颜色,离心分离,洗涤沉淀 1 次,弃去上清液。分别试验这些硫化物能否溶于 Na$_2$S 试液和 6mol/L HCl 溶液。如不溶于 6mol/L HCl 溶液,再试验能否溶于冷或热的 6mol/L HNO$_3$ 溶液中,最后把不溶于 HNO$_3$ 的沉淀与王水反应(王水自行配制)。参考这几种硫化物的溶度积及有关数据,解释上述实验现象并列表从离子反应式方面比较。

10. Cu^{2+}、Ag$^+$、Hg^{2+}、Hg$_2^{2+}$ 与 NaOH 的反应 将 2mol/L NaOH 溶液分别与 0.1mol/L CuSO$_4$、

$AgNO_3$、$Hg(NO_3)_2$ 和 $Hg_2(NO_3)_2$ 溶液作用,观察沉淀的颜色和状态。将试管中的沉淀分为 2 份,分别试验这些沉淀与酸碱的作用。列表写出主要产物的化学式以及状态和颜色。

11. Cu^{2+}、Ag^+、Hg^{2+}、Hg_2^{2+} 与氨水的反应　将氨水(2mol/L)分别与 0.1mol/L $CuSO_4$、$AgNO_3$ 和 $HgCl_2$ 溶液及少许 Hg_2Cl_2 晶体作用,加少量氨水,生成什么? 加过量氨水,又会发生什么变化? 写出离子反应式。

12. Cu^{2+}、Ag^+、Hg^{2+}、Hg_2^{2+} 与 KI 的反应　取 4 支试管,各加入 2 滴 0.1mol/L $CuSO_4$、$AgNO_3$、$Hg(NO_3)_2$ 和 $Hg_2(NO_3)_2$ 溶液,然后分别滴加 0.1mol/L KI 溶液 1~2 滴,观察现象。再在第 1 支试管中滴加 1~2 滴 0.1mol/L $Na_2S_2O_3$ 溶液,第 3、4 支试管中分别加入少量 KI 固体,振荡,又有何现象? 写出反应式。

13. 未知溶液的分析　领取未知溶液 1 份,其中可能含有 Cu^{2+}、Ag^+、Hg^{2+} 中的 1 种或数种,根据实验提供的试剂,进行鉴定。

附:Cu^{2+}、Ag^+、Hg^{2+} 混合溶液的分离和鉴定参考流程图

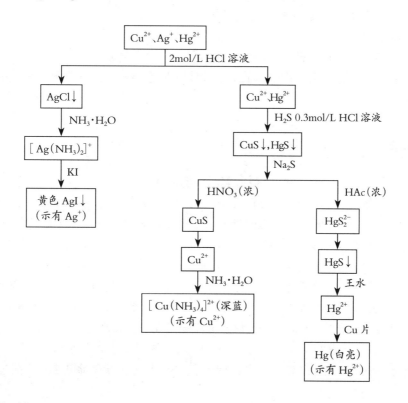

(五) 实验提示

1. Fe^{3+} 应呈淡紫色,但会因为水解生成 $[Fe(H_2O)_6(OH)]^{2+}$,从而使溶液呈棕黄色。

2. 在酸性溶液中,MnO_4^- 被还原成 Mn^{2+},有时会出现 MnO_2 的棕色沉淀,这是因溶液的浓度不够及 $KMnO_4$ 过量,与生成的 Mn^{2+} 反应所致。

$$2MnO_4^- + 3Mn^{2+} + 2H_2O \xrightarrow{\quad\quad} 5MnO_2\downarrow + 4H^+$$

3. H_2O_2 作为氧化剂用来试验 Cr^{3+} 还原性,有时溶液会出现褐红色,这是由于生成过铬酸钠的缘故。

4. 王水又称"王酸",是一种腐蚀性非常强、黄色冒烟的液体,易挥发,需现配现用。配制方法如下:在通风橱中用干净量筒量取 30ml 浓盐酸(36%)倒入 250ml 玻璃烧杯中,再用

干净量筒量取 10ml 浓硝酸(68%)慢慢倒入浓盐酸中,边倒边用玻璃棒不断搅拌,可以看到溶液迅速变黄(反应不剧烈)。待溶液温度降至常温,移入棕色试剂瓶盖好盖子,贴好临时试剂标签。

5. 本次实验所使用的试剂大部分都含有重金属离子,实验中所用的试剂都需进行废液回收处理。爱护环境人人有责,同学们应树立"绿水青山就是金山银山"的环保观念。

(六) 实验思考

1. 如何鉴定 Cr^{3+} 或 Mn^{2+} 的存在?

2. 如何存放 $KMnO_4$ 溶液?

3. 试用 2 种方法实现 Fe^{2+} 和 Fe^{3+} 的相互转化。

4. 能否仅用氨水区分 Cu^{2+}、Ag^+、Hg^{2+}?

5. 试选用不同的配位剂溶解下列沉淀:$Cu(OH)_2$、$AgBr$、HgI_2。

6. 在银盐、铬盐和汞盐的溶液中加入 NaOH 溶液,是否都得到相应的氢氧化物? 根据所学知识进行解释,并树立学以致用的学习观念。

(七) 注意事项

1. 本实验涉及化合物的种类和颜色较多,需仔细观察、辨别。

2. 可溶性汞盐、铬的化合物都有毒,使用时应严防误入口内或接触伤口,并做好回收工作。

思政元素

重金属污染与环保

镉进入人体,使人体骨骼中的钙大量流失,使患者骨质疏松、骨骼萎缩、关节疼痛。1912 年,日本中部的神冈矿区附近的米农出现可怕的新疾病——"痛痛病"(亦称骨痛病),患者全身非常疼痛,终日喊痛不止。1946 年,当地的医生开始研究,并于 1961 年锁定疾病为矿场的含镉废料污染所致。1956 年,日本熊本县水俣湾出现的怪病"水俣病"则是由于含大量汞的工业废水排放污染造成的公害病。在我国,则发生过 2009 年湖南浏阳镉事件、2010 年四川内江铅事件、2011 年云南曲靖铬渣事件等。上述事件,让我们清醒地认识到人人有责任、有义务保护生态环境。我们应该尊重自然,树立可持续发展和环保意识,利用化学知识降低污染、治理污染,改善人类生活环境。全人类只有一个共同的母亲——地球,我们应爱护青山绿水,让"绿水青山就是金山银山"的理念根植于心。

(姚惠琴 姚远 张强)

◇◇◇ 实验十三 ◇◇◇
氯化铅溶度积常数的测定

（一）实验目的

1. 了解离子交换树脂的使用方法。
2. 熟悉离子交换法测定难溶电解质溶度积常数的原理和方法。
3. 进一步巩固酸碱滴定的基本操作。

（二）实验原理

离子交换树脂是一种具有网状骨架结构的高分子聚合物。这类物质具有可供离子交换的活性基团。具有酸性交换基团[如磺酸基（—SO_3H）、羧基（—$COOH$）]，能和阳离子进行交换的叫阳离子交换树脂。具有碱性交换基团（如—NH_3Cl），能和阴离子进行交换的叫阴离子交换树脂。本实验采用强酸型阳离子交换树脂。这种树脂出厂时一般为钠（Na^+）型（活性基团为—SO_3Na），使用时需要 1mol/L HCl 溶液浸泡或淋洗使之转型，即用 H^+ 把 Na^+ 交换下来，制得氢（H^+）型树脂（活性基团为—SO_3H）。

一定量的饱和 $PbCl_2$ 溶液加入离子交换柱中与 H^+ 型阳离子树脂充分接触，交换反应如下：

$$2R—SO_3H + PbCl_2 \rightleftharpoons (R—SO_3)_2Pb + 2HCl$$

交换出的 HCl 可用已知浓度的 NaOH 标准溶液来滴定。根据反应方程式即可算出 $PbCl_2$ 饱和溶液的浓度[式（3-13-1）]，从而求得 $PbCl_2$ 的溶解度和溶度积[式（3-13-2）]。计算公式如下：

$$c_{NaOH} \cdot V_{NaOH} = c_{HCl} \cdot V_{HCl} = 2c_{PbCl_2} \cdot V_{PbCl_2}$$

$$c_{PbCl_2} = \frac{c_{NaOH} \cdot V_{NaOH}}{2V_{PbCl_2}} \quad\quad\quad (3\text{-}13\text{-}1)$$

$$PbCl_2 \rightleftharpoons Pb^{2+} + 2Cl^- \quad\quad K_{sp,PbCl_2}^{\ominus} = [Pb^{2+}][Cl^-]^2$$

$$[Pb^{2+}] = c_{PbCl_2} \quad\quad [Cl^-] = 2c_{PbCl_2}$$

则：
$$K_{sp,PbCl_2}^{\ominus} = [Pb^{2+}][Cl^-]^2 = 4(c_{PbCl_2})^3 \quad\quad\quad (3\text{-}13\text{-}2)$$

已用过的离子交换树脂可用不含 Cl^- 的 0.1mol/L HNO_3 溶液进行淋洗或浸泡，使树脂重新转化为酸型，这个过程称之为再生。树脂在使用前需用蒸馏水浸泡 24~48 小时，使用后也需要浸泡在水中以保持活性。

（三）仪器与试剂

1. 仪器　碱式滴定管（25ml）2 支、移液管（10ml）2 支、烧杯（100ml）4 个、锥形瓶（250ml）、量筒（100ml、10ml）、漏斗、表面皿、搅拌棒、漏斗架、滴定台、滴定管夹、螺旋夹、洗耳球、温度计。

2. 试剂　$PbCl_2$（s，分析纯）、溴百里酚蓝溶液（0.1%）、标准 NaOH 溶液（约 0.05mol/L）、

HNO₃ 溶液(0.1mol/L)、阳离子交换树脂、滤纸、玻璃纤维或泡沫塑料、广泛 pH 试纸。

（四）实验步骤

1. PbCl₂ 饱和溶液的制备　将 0.5g 分析纯 PbCl₂ 固体溶于 50ml 蒸馏水(经煮沸除去 CO₂,并冷却至室温),充分搅拌和放置,使溶液达到平衡,记录室温,过滤。所用漏斗和承接容器(100ml 烧杯)都必须是干燥的。

2. 装柱　用碱式滴定管作为离子交换柱,在底部放入少量玻璃纤维或泡沫塑料,以防树脂漏出。将碱式滴定管下端乳胶管中玻璃取出,用螺旋夹夹住乳胶管,待碱式滴定管清洗后安置在滴定管夹上。先在交换柱内加入约 20cm 高度纯水,再用小烧杯量取约 10ml 阳离子交换树脂(已经过转型或再生,并用清水调成"糊状"),注入交换柱内。待树脂自然沉降完毕后,松开螺旋夹,用蒸馏水洗至流出液呈中性(用精密 pH 试纸检验)。控制液面略高于离子交换树脂,夹紧螺旋夹。以上操作中,一定要使树脂始终浸在溶液中,勿使溶液流干,否则气泡进入树脂床中,将影响离子交换的进行。若出现气泡,可加入少量蒸馏水,使液面高出树脂,反复上下倒转滴定管,赶走气泡。

3. 交换和洗涤　用移液管精确吸取 10.00ml PbCl₂ 饱和溶液,注入离子交换柱中。控制交换柱流出液的速度,每分钟 20~25 滴,不宜过快,用洁净锥形瓶承接流出液。待 PbCl₂ 饱和溶液面接近树脂层上表面时,用蒸馏水少量多次注入交换柱,洗涤交换树脂,直至流出液呈中性为止(用 pH 试纸检验),且流出液仍用同一锥形瓶承接。在整个交换和洗涤过程中,应注意勿使流出液损失。

4. 滴定　在流出液中加入 2~3 滴溴百里酚蓝指示剂,用 NaOH 溶液滴定到终点(溶液由黄色转为蓝色,pH=6.2~7.6)。精确记录下 NaOH 溶液的用量(准确到小数点后 2 位)。

5. 再生　交换过的树脂柱需要先放松螺旋夹,然后倒转树脂柱,将树脂倒入小烧杯中。必要时可取下乳胶管,用洗瓶注入少量蒸馏水,以利于树脂从交换柱中流出。用小量筒量取 10ml 0.1mol/L HNO₃ 溶液浸泡树脂,使之再生。

（五）数据记录与结果处理

数据记录与结果处理见表 3-13-1。

表 3-13-1　氯化铅溶度积常数测定的实验数据　　　　　　　室温 $t=$ 　　℃

项目	1	2	3
V_{PbCl_2}/ml			
c_{NaOH}/(mol/L)			
滴定前 V_{NaOH}/ml			
滴定后 V_{NaOH}/ml			
V_{NaOH}/ml			
c_{PbCl_2}/(mol/L)			
$K_{sp,PbCl_2}^{\ominus}$(测定值)			
$\overline{K_{sp,PbCl_2}^{\ominus}}$(平均值)			
$K_{sp,PbCl_2}^{\ominus}$(参考值)			

（六）实验提示

1. 根据 PbCl₂ 在水中的溶解度(288K 为 3.26×10^{-2}mol/L;298K 为 3.74×10^{-2}mol/L;308K

为 4.73×10^{-2} mol/L),计算 $PbCl_2$ 的溶度积常数(参考值)。

2. 制备 $PbCl_2$ 饱和溶液时,要用不含 CO_2 的水溶解 $PbCl_2$ 固体。

3. $PbCl_2$ 饱和溶液通过交换柱后,要用蒸馏水洗至中性,并且不允许流出液有所损失。

4. 交换和洗涤过程中,树脂必须始终浸泡在溶液中,树脂层不得高于液面。在整个交换和洗涤过程中,应注意及时加入蒸馏水,防止树脂暴露在空气中。

(七) 实验思考

1. 离子交换过程中,为什么要控制液体的流速(不宜太快)?

2. 转型时所用酸太稀或太少,以致树脂未能完全转变成氢型,会对实验结果产生什么影响?

3. 流出液未接近中性便停止淋洗,进行滴定,会对实验结果产生什么影响?

●(黎勇坤　李德慧　曹秀莲)

实验十四

矿物药的鉴别

(一) 实验目的

1. 熟悉朴硝、硝石、铅丹、赭石、自然铜、炉甘石、轻粉等 7 种矿物药的主要成分及化学鉴定方法。

2. 培养学生灵活运用已掌握的理论知识和实验技能,初步学会用化学方法鉴别药材,提高学生的学习兴趣。

3. 继续熟悉称量、离心、过滤、试管的使用、微型反应的操作等基本实验技能。

(二) 实验原理

1. 钠离子的鉴别

(1) 在含 Na^+ 的溶液中加入乙酸铀酰锌试剂,可得到黄色晶形沉淀,此沉淀在乙醇中溶解度较小。

$$Na^+ + Zn^{2+} + 3UO_2^{2+} + 8Ac^- + HAc + 9H_2O === NaAc \cdot Zn(Ac)_2 \cdot 3UO_2(Ac)_2 \cdot 9H_2O + H^+$$

(2) Na^+ 进行焰色反应时,火焰为黄色。

2. 钾离子的鉴别

(1) 在含 K^+ 的溶液中加入四苯硼钠,可得白色沉淀。

$$K^+ + [B(C_6H_5)_4]^- === K[B(C_6H_5)_4]$$

(2) K^+ 进行焰色反应时,火焰为紫色(隔着蓝色钴玻璃透视)。

3. 硝酸根离子的鉴别(棕色环试验) 在含有 NO_3^- 的溶液中,加入饱和 $FeSO_4$ 溶液,试管倾斜后,沿管壁小心滴加浓 H_2SO_4,在浓 H_2SO_4 和混合液交界处可见 1 个棕色环。

$$NO_3^- + 3Fe^{2+} + 4H^+ === 3Fe^{3+} + NO + 2H_2O$$
$$NO + Fe^{2+} + SO_4^{2-} === [Fe(NO)SO_4]$$

4. 硫酸根离子的鉴别 硫酸根离子可与钡盐生成白色沉淀,此沉淀不溶于稀硝酸。

$$Ba^{2+} + SO_4^{2-} === BaSO_4 \downarrow$$

5. 碳酸根离子的鉴别 碳酸根离子与稀盐酸反应有气体产生,该气体能使澄清的石灰水变混浊。

$$CO_3^{2-} + 2H^+ === CO_2 \uparrow + H_2O$$
$$CO_2 + Ca(OH)_2 === CaCO_3 \downarrow + H_2O$$

6. 锌离子的鉴别 锌离子与亚铁氰化钾反应生成蓝白色沉淀,此沉淀在稀酸中不溶解。

$$2Zn^{2+} + [Fe(CN)_6]^{4-} === Zn_2[Fe(CN)_6] \downarrow$$

7. 铅丹的鉴别 铅丹的主要成分为四氧化三铅(Pb_3O_4),或写作 $2PbO \cdot PbO_2$。

(1) Pb_3O_4 可以和 HNO_3 反应,歧化生成 Pb^{2+} 和深棕色 PbO_2 沉淀。过滤取滤液:

1) 向滤液中加铬酸钾试液可产生黄色沉淀,再加入 2mol/L 的氨水或 2mol/L 的稀硝酸溶液,沉淀均不溶解;而向沉淀中加入 2mol/L 的氢氧化钠试液,沉淀立即溶解。

2) 向滤液中加碘化钾试液有黄色沉淀生成,而向该沉淀中加入 2mol/L 的乙酸钠试液,沉淀溶解。

$$Pb_3O_4 + 4HNO_3 \xlongequal{\hspace{1cm}} 2Pb(NO_3)_2 + PbO_2 \downarrow + 2H_2O$$
$$Pb^{2+} + CrO_4^{2-} \xlongequal{\hspace{1cm}} PbCrO_4 \downarrow$$
$$PbCrO_4 + 2OH^- \xlongequal{\hspace{1cm}} Pb(OH)_2 \downarrow + CrO_4^{2-}$$
$$Pb(OH)_2 + OH^- \xlongequal{\hspace{1cm}} Pb(OH)_3^-$$
$$Pb^{2+} + 2I^- \xlongequal{\hspace{1cm}} PbI_2 \downarrow$$
$$PbI_2 + 2Ac^- \xlongequal{\hspace{1cm}} Pb(Ac)_2 \downarrow + 2I^-$$

（2）铅丹加浓盐酸后，有氯气产生，可使湿润的碘化钾淀粉试纸变蓝色，并产生白色氯化铅沉淀。

$$PbO_2 + 4HCl \xlongequal{\hspace{1cm}} PbCl_2 \downarrow + 2H_2O + Cl_2 \uparrow$$
$$PbO + 2HCl \xlongequal{\hspace{1cm}} PbCl_2 \downarrow + H_2O$$

或合写成
$$Pb_3O_4 + 8HCl \xlongequal{\hspace{1cm}} 3PbCl_2 \downarrow + 4H_2O + Cl_2 \uparrow$$

8. 铁离子的鉴别

（1）铁离子与亚铁氰化钾反应立即生成深蓝色沉淀，此沉淀不溶于稀盐酸，但加入氢氧化钠有棕色沉淀生成。

$$Fe^{3+} + K_4[Fe(CN)_6] \xlongequal{\hspace{1cm}} 3K^+ + KFe[Fe(CN)_6] \downarrow$$

（2）铁离子与硫氰酸根反应显血红色。

$$Fe^{3+} + nSCN^- \xlongequal{\hspace{1cm}} [Fe(SCN)_n]^{3-n} \ (n=1\sim6)$$

9. 轻粉的鉴别　将轻粉（Hg_2Cl_2）和无水 Na_2CO_3 一起放在试管中共热后，在干燥试管壁上有金属 Hg 析出。

$$Hg_2Cl_2 + Na_2CO_3（无水）\xlongequal{\hspace{1cm}} Hg \downarrow + HgO + 2NaCl + CO_2 \uparrow$$

（三）仪器与试剂

1. 仪器　试管、离心试管、具支试管、试管架、试管夹、烧杯、玻璃漏斗、酒精灯（或水浴锅）、离心机、点滴板、量筒、洗瓶、玻璃棒。

2. 试剂　朴硝溶液（1mol/L）、硝石溶液（饱和、1mol/L）、赭石粉末、自然铜粉末、炉甘石粗粉、铅丹粉末、轻粉粉末。$BaCl_2$ 溶液（25%）、四苯硼钠溶液（1mol/L）、$FeSO_4$ 溶液（饱和）、浓 H_2SO_4、氨水（2mol/L）、$Ca(OH)_2$ 溶液（饱和）、亚铁氰化钾溶液（0.5mol/L）、HNO_3 溶液（浓、1mol/L）、NaOH 溶液（25%、2mol/L）、KSCN 溶液（0.1mol/L）、HCl 溶液（1mol/L）、KI 溶液（0.1mol/L）、NaAc 溶液（2mol/L）、铬酸钾溶液（0.1mol/L）、无水 $NaCO_3$ 固体、广泛 pH 试纸、滤纸、碘化钾淀粉试纸、镍铬丝。

（四）实验内容

1. 朴硝（$Na_2SO_4 \cdot 10H_2O$）的鉴定

（1）钠离子的鉴别：取数滴浓盐酸置滴定板上，将环状镍铬丝插进盐酸中浸湿，在灯焰上灼烧，如此反复数次直至火焰不染色，表明金属丝已处理洁净。用洁净的金属丝蘸取朴硝溶液在氧化焰中灼烧，观察火焰的颜色。

（2）硫酸根离子的鉴别：取 1 支离心试管，在其中加入 1mol/L 的朴硝试液 1ml，向试管中滴加 25% $BaCl_2$ 溶液，有白色沉淀生产，离心，弃去上层清液，向白色沉淀中加入 1mol/L 的盐酸数滴，观察现象；再向其中加入 1mol/L 的硝酸数滴，继续观察现象。写出反应方程式，并解释。

2. 硝石（KNO_3）的鉴定

（1）钾离子的鉴别：将处理好的镍铬丝蘸取饱和硝石溶液在氧化焰上灼烧，观察火焰的颜色；取 1ml 1mol/L 的硝石溶液置于试管中，向其中加入 1mol/L 的四苯硼钠溶液数滴，并观察现象，写出反应方程式。

(2) 硝酸根离子的鉴别:可进行棕色环实验,即在饱和硝石溶液中,加入饱和 $FeSO_4$ 溶液,试管倾斜后,沿管壁小心滴加浓 H_2SO_4,观察现象,写出反应方程式。

3. 炉甘石($ZnCO_3$)的鉴定

(1) 碳酸根离子的鉴别:取炉甘石粗粉 1g,置于具支试管中,在其中加入 1mol/L 的盐酸 10ml,即泡沸。将得到的气体通入饱和氢氧化钙试液中,观察现象,写出反应方程式,并解释。

(2) 锌离子的鉴别:将上述具支试管中的试液过滤,在滤液中加入 0.5mol/L 的亚铁氰化钾溶液数滴,微热,观察现象,写出反应方程式,并解释。

4. 自然铜(FeS_2)的鉴别 取自然铜粉末 0.1g,用 1ml 浓硝酸溶解,静置片刻后,加水 2ml 稀释,过滤,弃去残渣,将滤液分成 3 份,2 份分别置于试管中,1 份置于离心试管中待用。

(1) Fe^{3+} 的鉴别:在装有滤液的一试管中加入数滴 0.1mol/L 的亚铁氰化钾溶液,观察现象,在另一支装滤液的试管中加入 0.1mol/L 的硫氰酸钾试液数滴,有血红色出现,在血红色溶液加入 2mol/L 氢氧化钠溶液,观察现象,写出反应方程式并解释。

(2) 硫的鉴别(以硫酸根形式鉴别):在装有滤液的离心试管中加入氯化钡试液,有白色沉淀产生,离心,弃去上层清液,在沉淀中加入数滴 1mol/L 的硝酸溶液,观察现象并解释。

5. 赭石(Fe_2O_3)鉴别 取赭石粉末 1g,加入 1mol/L 的盐酸 10ml,振摇后过滤,将滤液分盛于一支普通试管和一支离心试管中。

(1) 在离心试管中加入 0.5mol/L 的亚铁氰化钾溶液数滴,观察现象;离心分离,在沉淀中分别加入稀盐酸及 25% 氢氧化钠试液,观察现象,写出反应方程式并解释。

(2) 在另一试管中加入 0.1mol/L 硫氰酸钾溶液,观察有何现象发生,并加以解释。

6. 铅丹(Pb_3O_4)的鉴别

(1) 取铅丹粉末约 0.2g 于试管中,加 1ml 1mol/L 的盐酸,加热,用湿润的碘化钾淀粉试纸检查产生的气体;并观察沉淀的颜色,写出反应方程式并解释。

(2) 取铅丹粉末约 0.5g 于试管中,加入浓硝酸 1ml,红色铅丹转化为深棕色沉淀,放置片刻,加 2ml 水稀释,过滤,分别进行以下实验:

1) 在滤液中加入 0.1mol/L 的碘化钾试液数滴,观察沉淀的颜色,再向沉淀中加入 2mol/L 的乙酸钠试液,观察现象,写出反应方程式并解释。

2) 在滤液中加入 0.1mol/L 的铬酸钾试液数滴,观察沉淀的颜色,分别取沉淀并放于 3 个试管中,并分别加入 2mol/L 的氨水、2mol/L 的氢氧化钠试液及 2mol/L 的乙酸钠试液,观察 3 个试管中的现象,写出反应方程式并解释。

7. 轻粉(Hg_2Cl_2)的鉴别 将 0.2g 左右轻粉和少许无水 Na_2CO_3 一起放在试管中共热后,观察试管壁上有何现象,并解释。

(五)实验提示

1. 铅丹、轻粉属有毒物质,需严格控制取量,实验结束后的所有废液需倒入废液缸经处理后排放。

2. 实验过程中有 Cl_2 等有害气体产生,应放在通风柜中进行,实验室需保持良好通风状态。

3. 滴管使用时,滴管口不得接触试管口,禁忌滴管倒置、倾斜。

(六)实验思考

1. 鉴别炉甘石时,在氢氧化钙溶液中通入气体,产生白色沉淀后,继续通入气体,白色沉淀消失,为什么?

2. 用沉淀-溶解平衡原理解释铅丹的鉴别。

（张爱平 武世奎 阿合买提江·吐尔逊）

硫酸亚铁铵的制备及产品级别的确定

（一）实验目的

1. 了解硫酸亚铁铵的制备方法及复盐特性。
2. 掌握水浴加热、过滤、蒸发、浓缩、结晶、干燥等基本操作。
3. 了解无机物制备的投料、产量、产率的有关计算，以及产品纯度的检验方法。

（二）实验原理

铁溶于稀硫酸后生成硫酸亚铁。

$$Fe + H_2SO_4 \rightleftharpoons FeSO_4 + H_2 \uparrow$$

$$FeSO_4 + (NH_4)_2SO_4 + 6H_2O \rightleftharpoons (NH_4)_2SO_4 \cdot FeSO_4 \cdot 6H_2O$$

若在硫酸亚铁溶液中加入等物质的量的硫酸铵（表 3-15-1），能生成溶解度较小的硫酸亚铁铵 $(NH_4)_2SO_4 \cdot FeSO_4 \cdot 6H_2O$（浅绿色晶体，又称摩尔盐）。一般亚铁盐在空气中易被氧化，但形成复盐硫酸亚铁铵后就比较稳定，不易被氧化，因此在定量分析中常用来配制亚铁离子的标准溶液。

表 3-15-1　不同温度时硫酸铵的溶解度

温度 /℃	溶解度 /(g/100g 水)	温度 /℃	溶解度 /(g/100g 水)
10	70.6	50	81.0
20	73.0	60	88.0
30	75.4	80	95.3
40	78.0	100	103.3

（三）仪器与试剂

1. 仪器　25ml 比色管、比色架、蒸发皿、锥形瓶（100ml）、漏斗、布氏漏斗、抽滤瓶、漏斗架、台秤、水浴锅、石棉网、烧杯（50ml、800ml 各 1 个）、滤纸。

2. 试剂　H_2SO_4 溶液（3mol/L）、HCl 溶液（3mol/L）、KSCN 溶液（25%）、$(NH_4)_2SO_4$（固体）、$NH_4Fe(SO_4)_2 \cdot 12H_2O$（固体）、铁屑。

（四）实验步骤

1. 硫酸亚铁的制备

（1）铁粉过量法：称取 2g 铁屑，放入 100ml 锥形瓶中，加入 10~20ml 3mol/L H_2SO_4 溶液，用烧杯盖上，于通风橱中在水浴锅上加热至不再有气泡放出。反应过程中适当补些水，以保持原体积。趁热过滤（可减压），用少量热水洗涤锥形瓶及漏斗上的残渣，抽干，滤液一并收集于蒸发皿中。

（2）双过量法：称取 2g 铁屑，放入 100ml 锥形瓶中，加入 15~20ml 3mol/L H_2SO_4 溶液，于

通风橱中在 80℃水浴锅上加热 20 分钟。在加热过程中注意观察,若溶液蒸干则适当补加少量蒸馏水,防止硫酸亚铁晶体析出。趁热过滤。用少量热水洗涤锥形瓶及漏斗上的残渣,抽干,将滤液倒入蒸发皿中。称量剩余铁屑的质量,计算反应掉的铁屑质量,进而计算出滤液中 $FeSO_4$ 的量。

注:任选一种制备方法。

2. 硫酸亚铁铵的制备　根据溶液中 $FeSO_4$ 的量,按等摩尔比关系式称取所需固体 $(NH_4)_2SO_4$ 的量,按照表 3-15-1 中硫酸铵的溶解度,加入适量蒸馏水配制成 $(NH_4)_2SO_4$ 饱和溶液。将此饱和溶液加到 $FeSO_4$ 溶液中,水浴蒸发,浓缩至表面出现结晶薄膜为止。放置缓慢冷却,得硫酸亚铁铵晶体。减压过滤除去母液并尽量吸干。把晶体转移到表面皿上晾干片刻,观察晶体的颜色和形状,称量,计算产率。

3. Fe(Ⅲ)的限量分析

(1) Fe(Ⅲ)标准溶液的配制(由预备室配制):称取 0.863 4g $NH_4Fe(SO_4)_2 \cdot 12H_2O$,溶于少量水中,加 2.5ml 浓 H_2SO_4,移入 1 000ml 容量瓶中,用水稀释至刻度。此溶液含 Fe^{3+} 为 0.100 0g/L,即 0.100 0mg/ml。

(2) 标准色阶的配制:准确移取 0.50ml Fe(Ⅲ)标准液于 25ml 比色管中,加入 2ml 3mol/L HCl 溶液和 1ml 质量分数为 25% 的 KSCN 溶液,加不含氧的水稀释至刻度,配制成相当于一级试剂的标准液(含 Fe^{3+} 0.05mg/g,即质量分数 w 为 0.005%)。

按上述方法,分别取 1.00ml 和 2.00ml Fe(Ⅲ)标准液,配制成相当于二级和三级试剂的标准液(含 Fe^{3+} 分别为 0.10mg/g、0.20mg/g,即质量分数 w 分别为 0.01%、0.02%)。

(3) 产品级别的确定:称取 1.0g 产品于 25ml 比色管中,用 15ml 不含氧的水溶解,待其全部溶解后,加入 2ml 3mol/L HCl 溶液和 1ml 质量分数(w)为 0.25 的 KSCN 溶液,继续加不含氧的水至 25ml 刻度,摇匀,与标准色阶比色,确定产品级别。

实验流程如下:

2g 铁屑 →[3mol/L H_2SO_4 水浴加热] 趁热过滤 → 滤液 →[饱和硫酸铵溶液] →[水浴 蒸发浓缩] →[放置 冷却] 硫酸亚铁铵晶体

→[减压抽滤,95% 乙醇洗涤,减压抽滤] 称重 → 产物

1g 产物(置于 25ml 比色管) →[15ml 无氧水 溶解] →[2ml 3mol/L HCl 1ml 0.25%KSCN] →[无氧水 至刻度线] →[摇匀 与标准色阶比色] 确定产品级别

(五) 实验提示

1. 在铁屑与稀 H_2SO_4 的反应过程中,可能产生大量气泡,温度不可高于 80℃,否则大量气泡冲出瓶口,影响产率。

2. 铁屑与稀 H_2SO_4 反应生成的气体中,除氢气外,还有少量的 H_2S、PH_3 等气体,对咽喉有刺激作用,应在通风橱中进行。

3. 在确定产品级别时,需要用不含氧的水(即煮沸的冷却水)溶解硫酸亚铁铵产品,否则硫酸亚铁铵容易被氧化而影响产品级别的确定。

(六) 实验思考

1. 在制备硫酸亚铁时,为什么要使铁屑过量?

2. 能否将最终产物 $(NH_4)_2SO_4 \cdot FeSO_4 \cdot 6H_2O$ 直接放在蒸发皿内加热干燥？为什么？

3. 若实验中以 2g 铁屑分别与 10ml、20ml、30ml 3mol/L H_2SO_4 溶液反应，计算硫酸亚铁铵的产率时，应以哪个的量为准？为什么？若实验采用双过量法，则计算最后的产率，应以什么为准？

4. 制备硫酸亚铁铵晶体时溶液为何必须呈酸性？蒸发浓缩时是否需要搅拌？

●（吴巧凤　曹莉　张凤玲）

实验十六

电极电势的测定

(一) 实验目的

1. 了解电极电势的测定方法和浓度对电极电势的影响。
2. 熟悉酸度计的操作方法。

(二) 实验原理

单独的电极电势是无法测量的,实验中可测量 2 个电极组成的原电池的电动势(E_{MF})。若选用饱和甘汞电极(作参比电极)和待测电极组成原电池,利用酸度计或伏特计测定其电动势。可根据式(3-16-1)计算待测电极的电极电势 E。

$$E_{MF} = E_+ - E_- \tag{3-16-1}$$

25℃时,浓度与电极电势的关系可用能斯特方程[式(3-16-2)]表示。

$$OX + ne^- \rightleftharpoons Red$$

$$E = E^{\ominus} + \frac{0.059\,2}{n} \lg \frac{c_{ox}}{c_{Red}} \tag{3-16-2}$$

增加氧化还原电对中氧化型物质的浓度或降低还原型物质的浓度,电极电势将升高;反之,电极电势将降低。如氧化型物质生成配合物,电极电势将降低;还原型物质生成配合物,电极电势将升高。

(三) 仪器与试剂

1. 仪器 pHS-3 型酸度计、饱和甘汞电极、磁力搅拌器、磁力搅拌子、盐桥、锌棒(片)、铜棒(片)、烧杯(80ml、200ml)。
2. 试剂 饱和 KCl 溶液、$CuSO_4$ 溶液(0.10mol/L)、$ZnSO_4$ 溶液(0.10mol/L)、$NH_3 \cdot H_2O$(6mol/L)。

(四) 实验内容

1. Zn^{2+}/Zn 电极的电极电势的测定

(1) 原电池的组成:将锌棒(片)插入装有 0.10mol/L $ZnSO_4$ 溶液的烧杯中,饱和甘汞电极插入装有饱和 KCl 溶液的烧杯中,插入盐桥把两溶液连通起来组成原电池,然后将甘汞电极和 Zn^{2+}/Zn 电极分别与酸度计上的"+"和"−"极相连。

原电池的电池符号如下:

(−)Zn(s) | $ZnSO_4$(0.10mol/L) ‖ KCl(饱和) | Hg_2Cl_2(s) | Hg(s) | Pt(s)(+)

(2) 测量:按附注中 pHS-3 型酸度计作毫伏计使用说明的操作步骤测量原电池的电动势,并记录数据。

(3) 计算:根据 $E_{MF} = E_+ - E_-$ 及能斯特方程,计算 $E_{Zn^{2+}/Zn} = ?$ $E^{\ominus}_{Zn^{2+}/Zn} = ?$

2. Cu^{2+}/Cu 电极的电极电势的测定 同理,按上述步骤测量原电池的电动势,并计算 $E_{Cu^{2+}/Cu} = ?$ $E^{\ominus}_{Cu^{2+}/Cu} = ?$

原电池的电池符号如下:

(−)Pt(s) | Hg(s) | Hg_2Cl_2(s) | KCl(饱和) ‖ $CuSO_4$(0.10mol/L) | Cu(s)(+)

3. 浓度对电极电势的影响

(1) 将装有 0.10mol/L $CuSO_4$ 溶液的烧杯放在磁力搅拌器上,放入磁力搅拌子,搅拌下滴加 6mol/L $NH_3 \cdot H_2O$,直到沉淀完全溶解,成为澄清的深蓝色溶液,停止搅拌,与甘汞电极组成原电池。测量该原电池的电动势并记录数据,计算 $E_{Cu^{2+}(c_1)/Cu} = ?$ $c_1 = [Cu^{2+}] = ?$

原电池的电池符号如下:

$$(-)Cu(s) \mid Cu^{2+}(c_1) \parallel KCl(饱和) \mid Hg_2Cl_2(s) \mid Hg(s) \mid Pt(s)(+)$$

(2) 将装有 0.10mol/L $ZnSO_4$ 溶液的烧杯放在磁力搅拌器上,放入磁力搅拌子,搅拌下滴加 6mol/L $NH_3 \cdot H_2O$,直到沉淀完全溶解,成为澄清的无色溶液,停止搅拌,与甘汞电极组成原电池。测量该原电池的电动势并记录数据,计算 $E_{Zn^{2+}(c_2)/Zn} = ?$,$c_2 = [Zn^{2+}] = ?$

原电池的电池符号如下:

$$(-)Zn(s) \mid Zn^{2+}(c_2) \parallel KCl(饱和) \mid Hg_2Cl_2(s) \mid Hg(s) \mid Pt(s)(+)$$

(五) 数据记录与结果处理

数据记录与结果处理见表 3-16-1。

表 3-16-1　电极电势测定的实验数据

室温 $t = $　　℃

原电池		E_{MF}/V	E_+/V	E_-/V	$E^{\ominus}_{Zn^{2+}/Zn}$/ V	$E^{\ominus}_{Cu^{2+}/Cu}$/ V	$c_{1,Cu^{2+}}$/ (mol/L)	$c_{2,Zn^{2+}}$/ (mol/L)
负极	正极							
Zn^{2+}/Zn	甘汞电极							
甘汞电极	Cu^{2+}/Cu							
$Cu^{2+}(c_1)/Cu$	甘汞电极							
$Zn^{2+}(c_2)/Zn$	甘汞电极							

通过实验,比较 $E^{\ominus}_{Zn^{2+}/Zn}$、$E^{\ominus}_{Cu^{2+}/Cu}$ 的测定值与文献值。

(六) 实验提示

1. 铜棒(片)、锌棒(片)使用前必须用砂纸擦去表面的氧化物。
2. 盐桥必须悬在溶液中。
3. 每次测量前,铜棒(片)、锌棒(片)盐桥必须洗净擦干,才能插入溶液中。
4. 为便于比较 $[Cu(NH_3)_4]^{2+}$ 与 $[Zn(NH_3)_4]^{2+}$ 的相对稳定性,铜电极和锌电极中 $CuSO_4$ 和 $ZnSO_4$ 溶液体积相等,加入的 6mol/L $NH_3 \cdot H_2O$ 的体积也要相等。

(七) 实验思考

1. 由实验数据说明 $[Cu(NH_3)_4]^{2+}$ 与 $[Zn(NH_3)_4]^{2+}$ 的相对稳定性,并说明原因。
2. 在铜电极的硫酸铜溶液和锌电极的硫酸锌溶液中分别加入 6mol/L $NH_3 \cdot H_2O$,$E_{Cu^{2+}(c_1)/Cu}$、$E_{Zn^{2+}(c_2)/Zn}$ 值如何变化?为什么?

附:

(1) 饱和甘汞电极的电极电势随温度改变而略有改变,可按下式计算:

$E_{Hg_2Cl_2/Hg} = [0.241\,5 - 0.000\,65(t-25)]V$,式中 t 为室温。

(2) pHS-3 型酸度计作毫伏计使用说明:

1) 接通电源,将转换旋钮转到 mV 挡,即显示 0.00mV。

2) 将组成原电池的正、负极线路接通,插入盐桥,即显示读数。

3) 待数字稳定后读数并记录。

（曹莉　姚远　倪佳）

实验十七

磺基水杨酸合铁(Ⅲ)配合物的组成及稳定常数的测定

(一) 实验目的

1. 了解分光光度法测定配合物的组成及稳定常数的原理和方法。
2. 掌握分光光度计的使用方法。
3. 测定 pH=2~3 时磺基水杨酸合铁(Ⅲ)配合物的组成及其稳定常数。

(二) 实验原理

磺基水杨酸是弱酸(以 H_3R 表示),在不同 pH 溶液中可与 Fe^{3+} 形成组成不同的配合物。pH=2~3 时,Fe^{3+} 与磺基水杨酸能形成稳定的 1:1 的红褐色配合物。本实验采用加入一定量 $HClO_4$ 溶液来控制溶液的 pH,调节 pH=2~3,测定此时磺基水杨酸合铁(Ⅲ)配合物的组成和稳定常数。

通常采用分光光度法测定配合物的组成。当某单色光通过溶液时,一部分光被吸收,其能量就会被吸收而减弱,光能量减弱的程度和物质的浓度有一定关系,光学上用 T(透光度)或 A(吸光度)来表示,

$$T = \frac{I_i}{I_0} \qquad A = -\lg \frac{I_i}{I_0} \tag{3-17-1}$$

I_0 为入射光强度,I_i 为透射光强度。根据朗伯 - 比尔定律:

$$A = \varepsilon c d \tag{3-17-2}$$

ε 为消光系数,c 为有色物质的浓度,d 为溶液的厚度(比色皿的厚度)。

当液层的厚度固定时,溶液的吸光度与有色物质的浓度成正比。即:

$$A = k' \cdot c \tag{3-17-3}$$

吸光度 A 就与有色物质的浓度 c 呈线性关系。由于磺基水杨酸为无色,Fe^{3+} 的浓度很低,近乎无色,对光几乎不吸收,只有磺基水杨酸合铁(Ⅲ)配离子为有色物质。磺基水杨酸合铁(Ⅲ)配离子在 500nm 有最大吸收值,故在此波长下,可通过测定系列溶液的吸光度 A,进一步求出配合物的组成。

本实验采用等摩尔系列法测定配位化合物的组成和稳定常数。该法是在保持中心离子 M 与配体 R 的浓度之和不变的条件下,通过改变 M 与 R 的摩尔比,配制一系列溶液,某些溶液中心离子过量,某些溶液配体过量,但这些溶液配离子浓度都不是最大。只有当金属离子和配体的摩尔比与配离子组成一致时,配离子的浓度才最大。由于金属离子和配体基本无色,所以配离子的浓度越大,溶液的颜色越深,吸光度值也越大。通过测定系列溶液的吸光度 A,以 A 对 $c_M/(c_M+c_R)$ 作图,得一曲线,如图 3-17-1 所示。

将曲线两边的直线延长相交于 A 点,其对应的吸光度为 A_1(吸光度最大值)。吸光度最

大值所对应的溶液组成也就是配合物的组成。对于 MR 型配合物,在吸光度最大处:

$$\frac{c_M}{c_M + c_R} = x \qquad n = \frac{c_R}{c_M} = \frac{1-x}{x}$$

$$(3-17-4)$$

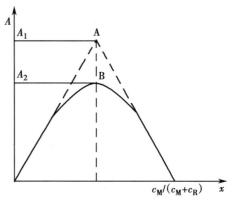

图 3-17-1　磺基水杨酸合铁(Ⅲ)配合物的吸光度 - 组成图

由 n 可得配位化合物的组成。

由图 3-17-1 可以看出,吸光度最大值 A_1 可被认为是 M 与 R 全部形成配合物时的吸光度,但由于配离子有部分离解,其浓度略低,因此实际测得的最大吸光度为 B 点,其值为 A_2。配离子的离解度为:

$$\alpha = \frac{A_1 - A_2}{A_1} \qquad (3-17-5)$$

配离子的表观稳定常数可由下列平衡关系导出: M + R = MR。以 c_M 为起始金属离子 Fe^{3+} 的浓度,此时溶液中各离子平衡浓度分别为:

$$[MR] = c_M(1-\alpha) \qquad [M] = \alpha \cdot c_M \qquad [R] = \alpha \cdot c_M$$

$$K_s^{\ominus} = \frac{1-\alpha}{c\alpha^2} \qquad (3-17-6)$$

(三) 仪器与试剂

1. 仪器　722 型分光光度计、移液管、吸管、容量瓶(100ml,3 个)、烧杯(100ml,11 个)。

2. 试剂　$HClO_4$ 溶液(0.01mol/L)、Fe^{3+} 溶液(0.010mol/L)、磺基水杨酸溶液(0.01mol/L)。

(四) 实验内容

1. 系列溶液的配制

(1) 0.001 0mol/L Fe^{3+} 溶液:准确吸取 10.00ml 0.010 0mol/L Fe^{3+} 溶液,加入 100ml 容量瓶中,用 0.01mol/L $HClO_4$ 溶液稀释至刻度,摇匀备用。

(2) 0.001 0mol/L 磺基水杨酸溶液:准确吸取 10.00ml 0.010 0mol/L 磺基水杨酸溶液,加入 100ml 容量瓶中,用 0.01mol/L $HClO_4$ 溶液稀释至刻度,摇匀备用。

(3) 用 3 支 10ml 吸量管按表 3-17-1 体积分别吸取 0.01mol/L $HClO_4$ 溶液、0.001 0mol/L Fe^{3+} 溶液和 0.001 0mol/L 磺基水杨酸溶液,分别注于 11 个干燥洁净的小烧杯(100ml)中摇匀,配制成系列溶液。

2. 吸光度的测定　在波长为 500nm 条件下,用分光光度计依次分别测定各溶液的吸光度,数据记入表 3-17-1。

(五) 数据记录与结果处理

以吸光度 A 为纵坐标,Fe^{3+} 物质的量分数 X_M 为横坐标,作 A-X_M 图,求磺基水杨酸合铁(Ⅲ)配合物的配位体数目(n)和配合物的表观稳定常数($K_s^{\ominus}$)。

表 3-17-1 系列溶液组成及相应的吸光度

编号	V_{HClO_4}/ml	$V_{Fe^{3+}}$/ml	V_{H_3R}/ml	$c_M/(c_M+c_R)$	A
1	10.00	0.00	10.00		
2	10.00	1.00	9.00		
3	10.00	2.00	8.00		
4	10.00	3.00	7.00		
5	10.00	4.00	6.00		
6	10.00	5.00	5.00		
7	10.00	6.00	4.00		
8	10.00	7.00	3.00		
9	10.00	8.00	2.00		
10	10.00	9.00	1.00		
11	10.00	10.00	0.00		

（六）实验提示

1. 0.001 0mol/L Fe^{3+} 溶液、0.010mol/L Fe^{3+} 溶液的配制　均用 0.01mol/L $HClO_4$ 溶液为溶剂。

2. 0.01mol/L $HClO_4$ 溶液的配制　将 4.1ml 70% $HClO_4$ 溶液加入到 50ml 水中,再稀释到 5 000ml。

3. 0.010mol/L Fe^{3+} 溶液的配制　称取 0.482 0g $(NH_4)_2Fe(SO_4)_2 \cdot 12H_2O$,用 0.01mol/L $HClO_4$ 溶液溶解,全部转移到 100ml 容量瓶中,再用 0.01mol/L $HClO_4$ 溶液稀释至刻度。

4. 0.10mol/L 磺基水杨酸溶液的配制　称取 0.254 0g 磺基水杨酸,用 0.01mol/L $HClO_4$ 溶液溶解,全部转移到 100ml 容量瓶中,再用 0.01mol/L $HClO_4$ 溶液稀释至刻度。

（七）实验思考

1. 测 Fe^{3+} 与磺基水杨酸形成配合物的吸光度,为何选用波长为 500nm 的单色光进行测定?

2. 用本实验方法测定吸光度时,如何选用参比溶液?

3. 使用分光光度计应注意的事项有哪些?

附:722 型分光光度计及使用

1. 722 型分光光度计(图 3-17-2)

2. 吸光度的测定

(1) 接通电源,指示灯即亮。选择 500nm 波长,预热 30 分钟。

(2) 用功能选择开关选择透光度测定,调"0"度和"满度":打开比色皿箱盖,用 0%T 旋钮调 0 使透光度为 0。然后将参比溶液(蒸馏水或相应溶液)放入比色皿中,盖上比色皿的暗箱盖,拉动比色皿拉杆,将参比溶液置于光路中,用 100%T 旋钮调满度,使透光度为100%。反复 2~3 次,使读数稳定。

(3) 用功能选择开关选择吸光度测定,用吸光度调零旋钮调整数字显示屏读数为零。依次将待测溶液装入 1cm 厚的比色皿中,置于比色皿槽中,盖上箱盖拉动比色皿拉杆,分别使溶液进入光路,测出各溶液的吸光度。

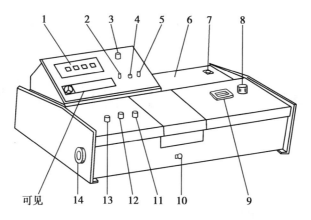

图 3-17-2 722 型分光光度计示意图

1. 数字显示屏 2. 吸光度调零旋钮 3. 功能选择开关 4. 吸光度斜率电位器 5. 浓度旋钮 6. 光源室 7. 电源开关 8. 波长选择旋钮 9. 波长刻度窗 10. 样品架拉杆 11. 100% T 旋钮 12. 0% T 旋钮 13. 灵敏度调节旋钮 14. 干燥器

(4) 注意用手轻拿比色皿毛玻璃面,每次装溶液必须用待测溶液润洗,比色皿外面用吸水纸擦干,擦时应注意保护其透光面,勿使其产生划痕。

(5) 分光光度计暂时不用时,请将比色皿的暗箱盖打开,以免光电管疲劳,影响使用寿命。

(6) 测试完毕后,关闭电源,取出比色皿用蒸馏水洗净擦干,存放在比色盒内。

(史 锐 张 强 杜中玉)

◆◆◆ 实验十八 ◆◆◆
CuSO₄·5H₂O 的制备和提纯

(一) 实验目的

1. 掌握 $CuSO_4 \cdot 5H_2O$ 的制备方法。
2. 掌握称量、溶解、蒸发浓缩、过滤、结晶等基本操作。
3. 掌握固体试剂和液体试剂的取用方法。

(二) 实验原理

$CuSO_4 \cdot 5H_2O$ 俗名胆矾,蓝色晶体,易溶于水,难溶于乙醇,在干燥空气中可缓慢风化,不同温度下会逐步脱水,将其加热至 260℃ 以上,可失去全部结晶水而成为白色的无水 $CuSO_4$ 粉末。

$CuSO_4 \cdot 5H_2O$ 的制备方法有许多种,常见的有利用废铜粉焙烧氧化的方法制备硫酸铜(先将铜粉在空气中灼烧氧化成氧化铜,然后将其溶于硫酸而制得硫酸铜);也有采用浓硝酸作氧化剂,用废铜与硫酸、浓硝酸反应来制备硫酸铜。本实验通过粗 CuO 粉末和稀硫酸反应来制备硫酸铜。反应式:

$$CuO + H_2SO_4 = CuSO_4 + H_2O$$

制备的粗硫酸铜含有一些可溶性和不溶性杂质。不溶性杂质可在溶解、过滤过程中除去,可溶性杂质常用化学方法除去。其中如 Fe^{2+} 和 Fe^{3+},一般先将 Fe^{2+} 用氧化剂(如 H_2O_2 溶液)氧化为 Fe^{3+},然后调节溶液 pH 3~4,再加热煮沸,以 $Fe(OH)_3$ 形式沉淀而除去。

$$2Fe^{2+} + 2H^+ + H_2O_2 = 2Fe^{3+} + 2H_2O$$
$$Fe^{3+} + 3H_2O = Fe(OH)_3\downarrow + 3H^+$$

$CuSO_4 \cdot 5H_2O$ 在水中的溶解度随温度的改变有较大变化,因此可采用蒸发浓缩、冷却、结晶、过滤的方法,将粗 $CuSO_4$ 中的一些杂质留在母液中而除去,得到纯度较高的水合硫酸铜晶体。

(三) 仪器与试剂

1. **仪器** 试管(10ml)、烧杯(100ml)、量筒(10ml、100ml)、玻璃棒、酒精灯、漏斗、布氏漏斗、抽滤瓶、表面皿、蒸发皿、电炉、石棉网、铁架台、铁圈、电子天平、pH 试纸、滤纸。

2. **试剂** H_2SO_4 溶液(1mol/L、3mol/L)、H_2O_2 溶液(3%)、NaOH 溶液(2mol/L)、CuO(粗粉)。

(四) 实验内容

1. **$CuSO_4 \cdot 5H_2O$ 粗品的制备** 称取 2g 粗 CuO 粉末备用。在洁净的蒸发皿中加入 10ml 3mol/L 的 H_2SO_4 溶液,小火加热,边搅拌边用药勺慢慢撒入粗 CuO 粉末,直到 CuO 不再反应为止,如出现结晶,可随时补加少量蒸馏水。反应完毕,趁热过滤,并用少量蒸馏水冲洗蒸发皿及滤渣,将洗涤液和滤液合并,转移到洁净的蒸发皿中,放在石棉网上小火加热,至液面出现结晶膜时停止加热,冷却后析出蓝色晶体即为粗品 $CuSO_4 \cdot 5H_2O$。

用药勺将晶体取出,放在表面皿上,用滤纸轻压以吸干晶体表面的水分,称重,计算产率。

2. CuSO₄·5H₂O 的纯化　称取上述粗产品 5g，放入 100ml 烧杯中，加蒸馏水 20ml，不断搅拌，小火加热使其溶解，此时若加入 2~3 滴 1mol/L 的 H_2SO_4 溶液可加速溶解。

在溶液中慢慢加入 1ml 3% 的 H_2O_2 溶液，加热，边搅拌边滴加 2mol/L 的 NaOH 溶液来调节溶液 pH 3~4，再加热一会儿，放置［其中的 Fe^{2+} 和 Fe^{3+} 均以 $Fe(OH)_3$ 形式沉淀，检查是否沉淀完全］，减压过滤，将滤液直接用洁净的蒸发皿收集，并用少量蒸馏水冲洗烧杯、玻璃棒及滤渣，收集滤液。

在滤液中滴加 1mol/L H_2SO_4 溶液，调节 pH 1~2，将溶液置于小火上缓慢蒸发，浓缩至液面出现结晶膜时停止加热，稍放置，将蒸发皿放在盛有冷水的烧杯上冷却，析出蓝色 CuSO₄·5H₂O 晶体，减压过滤，尽量抽干，取出晶体，并用干净滤纸轻轻挤压晶体以除去少量水分，将晶体称重，计算产率（回收母液）。

实验流程如下：

（1）CuSO₄·5H₂O 粗品的制备

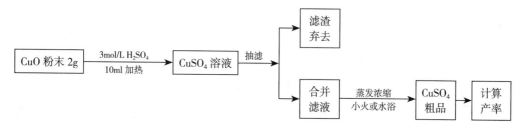

（2）CuSO₄·5H₂O 的提纯

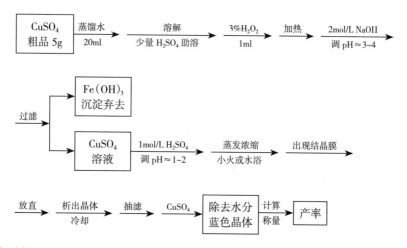

（五）实验提示

1. 趁热过滤时，要先将过滤装置准备好，滤纸待抽滤时再润湿。

2. 双氧水（H_2O_2 溶液）应缓慢分次滴加，以免过量。

3. 加热浓缩产品时表面有结晶膜出现即可，不能将溶液蒸干。

4. 蒸发浓缩溶液可以直接加热，也可以用水浴加热。选择时主要考虑溶剂、溶质的性质和溶质的热稳定性、氧化还原稳定性等。如 CuSO₄·5H₂O 受热时分解（热稳定性）：

$$CuSO_4·5H_2O \Longrightarrow CuSO_4·3H_2O + 2H_2O (375K)$$
$$CuSO_4·3H_2O \Longrightarrow CuSO_4·H_2O + 2H_2O (386K)$$
$$CuSO_4·H_2O \Longrightarrow CuSO_4 + H_2O (531K)$$

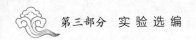

实验者对蒸发速度的要求是其次的考虑。若希望溶液平稳地蒸发,常用水浴加热,沸腾后溶液不会溅出,当然,蒸发速度相对要慢些。

(六) 实验思考

1. 提纯 $CuSO_4 \cdot 5H_2O$ 产品时调节 pH 3~4 的目的是什么?

2. 实验中加热浓缩溶液时,是否可将溶液蒸干? 为什么?

3. 如何计算 $CuSO_4 \cdot 5H_2O$ 晶体的理论产量?

（史 锐 曹 莉 姚惠琴）

◆◆◆ **实验十九** ◆◆◆

三草酸合铁(Ⅲ)酸钾的制备和性质

(一) 实验目的

1. 掌握合成 $K_3Fe[(C_2O_4)_3] \cdot 3H_2O$ 的基本原理和操作技术。

2. 加深对铁(Ⅲ)和铁(Ⅱ)化合物性质的了解。

3. 掌握容量分析等基本操作技术。

4. 了解光化学反应的原理。

(二) 实验原理

三草酸合铁(Ⅲ)酸钾为绿色单斜晶体,溶于水(20℃,4.7g/100g 水;100℃,117.7g/100g 水),难溶于乙醇,110℃下可失去 3 分子的结晶水而形成 $K_3Fe[(C_2O_4)_3]$,在 230℃时发生分解。该配合物是制备负载型活性铁催化剂的主要原料,在一些有机反应中也是很好的催化剂,因而具有工业生产价值。并且该配合物对光十分敏感,在光照下即可发生分解。

目前,合成三草酸合铁(Ⅲ)酸钾的工艺路线有多种。例如:①以铁作为原料制得硫酸亚铁铵,再加草酸钾制得草酸亚铁,草酸亚铁经氧化制得三草酸合铁(Ⅲ)酸钾;②以硫酸亚铁与草酸钾形成草酸亚铁,再经氧化结晶得三草酸合铁(Ⅲ)酸钾;③以三氯化铁(或硫酸铁)与草酸钾直接合成三草酸合铁(Ⅲ)酸钾。

本实验以硫酸亚铁铵为基本原料,与草酸在酸性溶液中先制得草酸亚铁沉淀,然后在草酸钾和草酸存在的条件下,以过氧化氢为氧化剂氧化草酸亚铁,得到草酸铁(Ⅲ)配合物。并通过改变溶剂极性的方法加少量盐析剂,得到纯的三草酸合铁(Ⅲ)酸钾绿色单斜晶体。

制备反应的方程式为:

$$(NH_4)_2Fe(SO_4)_2 + H_2C_2O_4 + 2H_2O \Longrightarrow FeC_2O_4 \cdot 2H_2O \downarrow + (NH_4)_2SO_4 + H_2SO_4$$

$$2FeC_2O_4 \cdot 2H_2O + H_2O_2 + 3K_2C_2O_4 + H_2C_2O_4 \Longrightarrow 2K_3[Fe(C_2O_4)_3] \cdot 3H_2O$$

三草酸合铁(Ⅲ)酸钾极易感光,室温下光照会发生下列光化学反应而变黄色。

$$2[Fe(C_2O_4)_3]^{3-} \xrightarrow{hv} 2FeC_2O_4 + 3C_2O_4^{2-} + 2CO_2 \uparrow$$

在日光直射或强光下,三草酸合铁(Ⅲ)酸钾会分解生成草酸亚铁。草酸亚铁与六氰合铁(Ⅲ)酸钾发生反应生成滕氏蓝。反应方程式为:

$$3FeC_2O_4 + 2K_3[Fe(CN)_6] \Longrightarrow Fe_3[Fe(CN)_6]_2 + 3K_2C_2O_4$$

因此,可制作感光纸进行感光实验。此外,由于其具光化学活性,三草酸合铁(Ⅲ)酸钾常作为光量子效率试剂应用于光化学研究。

(三) 仪器与试剂

1. **仪器** 普通电子天平、精密电子天平、抽滤装置、烧杯(100ml)、电炉、锥形瓶(250ml,3 个)、表面皿、高压汞灯、称量瓶、温度计、量筒(50ml、100ml)。

2. **试剂** $(NH_4)_2Fe(SO_4)_2 \cdot 6H_2O$、$H_2SO_4$ 溶液(1.0mol/L)、$H_2C_2O_4$ 溶液(饱和)、$K_2C_2O_4$ 溶

液(饱和)、KCl(A.R)、KNO_3 溶液(300g/L)、乙醇溶液(95%)、乙醇 - 丙酮混合液(1∶1)、H_2O_2 溶液(3%)、$K_3[Fe(CN)_6]$ 溶液(3.5%、5%)、滤纸、晒图纸、硫酸纸。

(四) 实验步骤

1. 三草酸合铁(Ⅲ)酸钾的制备

(1) 草酸亚铁的制备:称取 5g 硫酸亚铁铵固体放在 100ml 烧杯中,然后加入 15ml 蒸馏水和 5~6 滴 1.0mol/L H_2SO_4 溶液,加热溶解,再加入 25ml 饱和草酸溶液,加热搅拌至沸,迅速搅拌片刻并防止液体飞溅,停止加热,静置,待黄色晶体 $FeC_2O_4·2H_2O$ 沉淀后倾析弃去上层清液,加入 20ml 蒸馏水洗涤晶体 3 次,搅拌并温热,静置,检验 SO_4^{2-} 是否洗净,弃去上层清液即得草酸亚铁黄色晶体。

(2) 三草酸合铁(Ⅲ)酸钾的制备:往草酸亚铁沉淀中加入饱和 $K_2C_2O_4$ 溶液 10ml,水浴加热至 40℃,恒温下慢慢滴加 3% 的 H_2O_2 溶液 20ml,沉淀转为深棕色。边加边搅拌,加完后将溶液加热至沸,然后加入 20ml 饱和草酸溶液,沉淀立即溶解。溶液转为绿色,趁热过滤,滤液转入 100ml 烧杯中,加入 95% 乙醇溶液 75ml,混匀后冷却放置于暗处析晶。为了加快结晶速度,可往其中滴加 KNO_3 溶液,待晶体完全析出后,抽滤,用乙醇 - 丙酮的混合液 10ml 淋洗滤饼,抽滤,将固体产品置于一干净表面皿上,于阴暗处晾干,称重,计算产率。

2. 三草酸合铁(Ⅲ)酸钾的性质

(1) 在表面皿或点滴板上放少许 $K_3Fe[(C_2O_4)_3]·3H_2O$ 产品,置于日光下一段时间后观察晶体颜色的变化,与暗处的晶体比较,写出光化学反应方程式。

(2) 取一张 6cm×6cm 的硫酸纸,用碳素笔在纸上绘制一些图形,干燥后备用。另取一张与硫酸纸同样大小的描图纸或复印纸,取三草酸合铁(Ⅲ)酸钾加 5ml 水配成 1% 溶液,将其涂在描图纸上,置暗处稍干,然后将描图纸与硫酸纸叠放在一起,移至汞灯光源下曝光 5 分钟(也可用阳光直射,但时间较长),然后在曝光过的晒图纸上涂上 5% 铁氰化钾(赤血盐)溶液,观察现象并写出相应的反应方程式。

(3) 制作感光纸:取 0.3g 的 $K_3Fe[(C_2O_4)_3]·3H_2O$ 晶体溶解于 5ml 蒸馏水中,然后将该溶液涂在吸水性较好的滤纸上,即为感光纸。

(4) 曝光:使用硬纸壳剪成各种图案,将硬纸壳放在制作好的感光纸上,在紫外灯下照射 1 分钟,即得。

(5) 显影:将曝光后的感光纸去掉图案,用 3.5% 的 $K_3[Fe(CN)_6]$ 溶液润湿或漂洗,即显影映出图案来。

实验流程如下:

5g 硫酸亚铁铵 →(1.0mol/L H_2SO_4 / 15ml 蒸馏水)→(加热溶解)→(饱和草酸 / 加热至沸)→ 黄色晶体

→(20ml 蒸馏水 / 洗涤 3 次)→ 检验硫酸根离子 →(饱和 $K_2C_2O_4$ / 40℃水浴加热)→(3% H_2O_2)→ 深棕色沉淀

→(饱和 $H_2C_2O_4$)→(趁热过滤)→ 滤液 →(95% 乙醇 / KNO_3)→ 绿色晶体 →(抽滤 / 乙醇 - 丙酮洗涤)→(称重)→ 产物

0.3g 产物 →(5ml 蒸馏水)→ 滤纸 → 感光纸 →(感光 / 紫外灯)→ 曝光 →(3.5% $K_3[Fe(CN)]$)→ 显影

（五）实验提示

1. 要求在水浴加热温度为 $40℃$ 的条件下慢慢滴加 H_2O_2 溶液,以防止 H_2O_2 分解。

2. 减压过滤操作时,要注意勿用水冲洗黏附在烧杯和布氏漏斗上的少量绿色产品,因其水溶性而将大大影响产率。

3. 减压过滤操作结束时,注意要先拔掉布氏漏斗后再关闭抽滤泵,以防止倒吸现象的发生。

4. 三草酸合铁(Ⅲ)酸钾的制备过程需避光,干燥,最终成品置于暗处。

5. 三草酸合铁(Ⅲ)酸钾光照下反应变黄色,为草酸亚铁与碱式草酸铁的混合物。

（六）实验思考

1. 在制备 $K_3Fe[(C_2O_4)_3] \cdot 3H_2O$ 的过程中,使用的氧化剂是什么? 实验过程中如何保证 $Fe(Ⅱ)$ 的转化完全?

2. 怎样确定 $K_3Fe[(C_2O_4)_3]$ 中的铁含量?

3. 三草酸合铁(Ⅲ)酸钾制备实验中,沉淀发生溶解后趁热过滤,在滤液中加入乙醇的作用是什么?

4. 根据三草酸合铁(Ⅲ)酸钾的制备过程及其性质实验,得到的产品该如何保存?

5. 设计实验验证最终产品是配合物而不是单盐。

6. 写出各个步骤的反应现象及对应方程式,并计算产率。

7. 试设计该配合物的另一合成路线,并写出对应实验步骤及方程式。

（张 强 徐 飞 杜中玉）

◆◆◆ 实验二十 ◆◆◆
食醋中总酸含量的测定

（一）实验目的

1. 了解碱标准溶液一般的配制和标定方法。
2. 学习用邻苯二甲酸氢钾标定氢氧化钠溶液的方法。
3. 学习食醋中总酸量的原理和测定方法。
4. 学习强碱滴定弱酸的基本原理及指示剂的选择。

（二）实验原理

食醋是以粮食为原料，经发酵、酿造等工艺，将原料中的碳水化合物、蛋白质、脂肪等转变为乙酸、琥珀酸、苹果酸、柠檬酸等有机酸以及其他复杂有机物而成。在贮存过程中，有机酸能与醇结合生成各种酯，增加食醋的风味。食醋中乙酸（HAc）含量最多，约为30~50g/L，所以食醋中总酸含量是一种重要指标。我国《食品安全国家标准 食醋》（GB2719—2018）中规定：食醋（以乙酸计）指标≥3.5g/100ml。

食醋的主要成分是 HAc（有机弱酸，$K_a^\ominus=1.8\times10^{-5}$），与 NaOH 的反应产物为弱酸强碱盐 NaAc。

$$HAc + NaOH \Longrightarrow NaAc + H_2O$$

此反应，化学计量点 pH ≈ 8.7，滴定突跃范围在碱性范围内（即 0.1mol/L NaOH 溶液滴定 0.1mol/L HAc 溶液突跃范围在 pH 7.74~9.70），因此选择在碱性范围内变色的酚酞（8.0~9.6）作为指示剂，利用 NaOH 标准溶液测定 HAc 含量。

$$c_{HAC} = \frac{c_{NaOH} \times V_{NaOH}}{V_{HAC}}$$

食醋中总酸度用 HAc 含量（g/100ml）来表示。HAc 含量的计算公式如下 $[M_{HAc}=60.05\text{g/mol}]$：

$$HAc\ 含量 = c_{HAc} \times M_{HAc}/10 \tag{3-20-1}$$

NaOH 标准溶液：常用邻苯二甲酸氢钾和草酸等作基准物质，亦可用标准酸溶液与之比较进行间接标定。用邻苯二甲酸氢钾标定氢氧化钠，反应如下：

NaOH 标准溶液浓度的计算：

$$c_{NaOH} = \frac{m_{KHC_8H_4O_4}}{M_{KHC_8H_4O_4} \times V_{NaOH}} \tag{3-20-2}$$

其中：$M_{KHC_8H_4O_4} = 204.22\text{g/mol}$。

（三）仪器与试剂

1. 仪器　烧杯（50ml）、容量瓶（250ml）、锥形瓶（250ml）、玻璃棒、酸式滴定管（50ml）、碱式滴定管（50ml）、移液管（10ml、25ml）、滴定管夹、滴定台、滤纸、托盘天平（0.1g）、分析天平（0.1mg）、洗耳球。

2. 试剂　邻苯二甲酸氢钾（$KHC_8H_4O_4$，基准物质）、氢氧化钠（A.R）、酚酞指示剂（A.R）。

3. 样品　市售食用白醋、红醋或醋精或陈醋。

（四）实验步骤

1. 0.1mol/L NaOH 溶液的配制　在托盘天平上用表面皿快速称取 1.1~1.3g 的 NaOH 置于小烧杯中，加蒸馏水约 10ml，摇动 1 次立即将水倾出（溶出其表面上的 Na_2CO_3），再加蒸馏水使 NaOH 溶解后，定量转移到 250ml 容量瓶中，用蒸馏水稀释至 250ml，盖上瓶塞，充分摇匀，贴上标签（注明试剂名称、浓度、班级、姓名及配制日期）备用。

2. 0.1mol/L NaOH 标准溶液的标定　用减量法精密称取 0.4~0.6g 邻苯二甲酸氢钾（$KHC_8H_4O_4$）3 份，分别放入 250ml 锥形瓶中，加 30~50ml 蒸馏水溶解。然后加 1~2 滴酚酞指示剂，用 NaOH 溶液滴定至溶液呈粉红色，30 秒不褪色即为终点。记录每次消耗 NaOH 溶液的体积，计算 NaOH 溶液浓度。

3. 食醋试液的制备　市售食醋中含乙酸大约为 3.5~5.0g/100ml，浓度较大，测定前应进行稀释，使其与 NaOH 标准溶液浓度相当。如果食醋的颜色较深，必须加活性炭脱色，否则会影响终点观察。用移液管移取 10ml 食醋样品到 100ml 容量瓶中，加蒸馏水稀释，定容至刻度，充分混匀，制成食醋待测液备用。

4. 食醋总酸度的测定　用移液管移取稀释好的食醋待测液 25.00ml，置于 250ml 锥形瓶中，加酚酞指示剂 1~2 滴，用 NaOH 标准溶液滴定至溶液呈微红色，并且半分钟不褪色为终点。记录 NaOH 溶液消耗的体积，用同法重复测定 2~3 次。记录结果，计算食醋中乙酸含量（单位 g/100ml）。

实验流程如下：

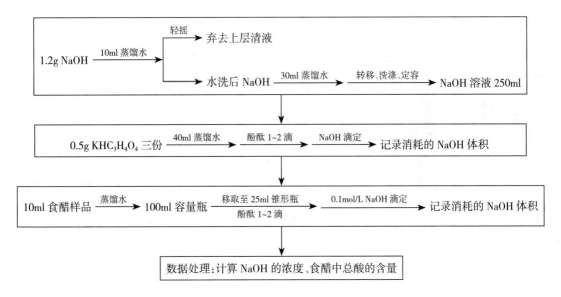

（五）实验数据处理

1. NaOH 标准溶液浓度的标定（表 3-20-1）

表 3-20-1　NaOH 标准溶液浓度的标定结果

编号		1	2	3
$m_{KHC_8H_4O_4}/g$				
$KHC_8O_4H_4$ 稀释体积 /ml				
吸取 $KHC_8O_4H_4$ 稀释液 /ml				
NaOH 滴定读数 /ml	终点			
	起点			
V_{NaOH}/ml				
$c_{NaOH}/(mol/L)$				
$c_{平均值}/(mol/L)$				
平均偏差(S)				
相对标准偏差(RSD)				

注:按式(3-20-2)计算 NaOH 标准溶液的浓度。

2. 食醋的总酸度的测定(表 3-20-2)

表 3-20-2　食醋的总酸度的测定结果

编号		1	2	3
吸取醋样 V_s/ml				
醋样溶液稀释后体积 /ml				
吸取醋样稀释液 /ml				
NaOH 滴定读数 /ml	终点			
	起点			
NaOH 用量	V_{NaOH}/ml			
食醋的总酸度 /(g/100ml)				
平均值 /(g/100ml)				
平均偏差(S)				
相对标准偏差(RSD)				

注:按式(3-20-1)计算 HAc 的含量,已知 $M_{HAc}=60.05g/mol$。

●（郭 惠　张凤玲　罗 黎）

◇◇◇ 附 录 ◇◇◇

附录一　实验室常用酸碱指示剂

指示剂名称	颜色变化		变色范围	配制方法	用量（滴/10ml 试液）
	酸色	碱色			
百里香酚	红	1.2~2.8	黄	0.1% 的 20% 乙醇溶液	1~2
甲基黄	红	2.9~4.0	黄	0.1% 的 90% 乙醇溶液	1
甲基橙	红	3.1~4.4	黄	0.05% 的水溶液	1
溴酚蓝	黄	3.0~4.6	蓝紫	0.1% 的 20% 乙醇溶液	1
甲基红	红	4.2~6.2	黄	0.1% 的 60% 乙醇溶液	1
溴百里酚蓝	黄	6.2~7.6	蓝	0.1% 的 20% 乙醇溶液	1
中性红	红	6.8~8.0	黄	0.1% 的 60% 乙醇溶液	1
酚红	黄	6.7~8.4	红	0.1% 的 60% 乙醇溶液	1
酚酞	无色	8.0~10.0	红	0.5% 的 90% 乙醇溶液	1~3
百里酚酞	无色	9.4~10.6	蓝	0.1% 的 90% 乙醇溶液	1~2
茜素黄	黄	10.1~12.1	紫	0.1% 的水溶液	1
1,3,5- 三硝基苯	无色	12.2~14.0	蓝	0.18% 的 90% 乙醇溶液	1~2

附录二　实验室常用缓冲溶液

pH	配制方法
3.6	NaAc·3H$_2$O 16g，溶于适量水中，加 6mol/L HAc 溶液 268ml，加水稀释至 1 000ml
4.0	NaAc·3H$_2$O 40g，溶于适量水中，加 6mol/L HAc 溶液 268ml，加水稀释至 1 000ml 或 0.1mol/L NaOH 溶液 0.4ml，加入 50.0ml 0.1mol/L KHC$_8$H$_4$O$_4$（邻苯二甲酸氢钾）溶液，加水稀释至 100ml
4.5	NaAc·3H$_2$O 64g，溶于适量水中，加 6mol/L HAc 溶液 136ml，加水稀释至 1 000ml

续表

pH	配制方法
5.0	NaAc·3H$_2$O 100g,溶于适量水中,加 6mol/L HAc 溶液 68ml,加水稀释至 1 000ml
5.7	NaAc·3H$_2$O 200g,溶于适量水中,加 6mol/L HAc 溶液 26ml,加水稀释至 1 000ml
7.0	NH$_4$Ac 154g,用水溶解后,加水稀释至 1 000ml 或 0.1mol/L NaOH 溶液 9.63ml,加入 50ml 0.1mol/L KH$_2$PO$_4$ 溶液,再加水稀释至 500ml
7.5	NH$_4$Cl 120g 溶于适量水中,加 15mol/L 氨水 2.8ml,加水稀释至 1 000ml
8.0	NH$_4$Cl 100g 溶于适量水中,加 15mol/L 氨水 7.0ml,加水稀释至 1 000ml
8.5	NH$_4$Cl 140g 溶于适量水中,加 15mol/L 氨水 8.8ml,加水稀释至 500ml
9.0	NH$_4$Cl 70g 溶于适量水中,加 15mol/L 氨水 48ml,加水稀释至 1 000ml
9.5	NH$_4$Cl 60g 溶于适量水中,加 15mol/L 氨水 130ml,加水稀释至 1 000ml
10.0	NH$_4$Cl 54g 溶于适量水中,加 15mol/L 氨水 394ml,加水稀释至 1 000ml
10.5	NH$_4$Cl 18g 溶于适量水中,加 15mol/L 氨水 350ml,加水稀释至 1 000ml

附录三　实验室常用酸碱的浓度

试剂名称	密度(20℃)/(g/ml)	质量分数 /%	物质的量的浓度 /(mol/L)
浓盐酸(HCl)	1.19	37.23	12
浓硝酸(HNO$_3$)	1.40	68	15
浓硫酸(H$_2$SO$_4$)	1.84	98	18
浓乙酸(HAc)	1.05	99	17
浓磷酸(H$_3$PO$_4$)	1.69	85	14.7
浓氢氟酸(HF)	1.15	48	27.6
高氯酸(HClO$_4$)	1.12	19	2
浓氨水(NH$_3$·H$_2$O)	0.90	25~27	15
氢氧化钾(KOH)	1.25	26	6
氢氧化钠(NaOH)	1.22	20	6
氢氧化钠(NaOH)	1.09	8	2

附录四　实验室常用试剂的配制

试剂名称	分子量	浓度	配制方法
氯化铵(NH$_4$Cl)	53.5	1mol/L	溶解 53.5g,用水稀释至 1 000ml

试剂名称	分子量	浓度	配制方法
硝酸铵（NH_4NO_3）	80	1mol/L	溶解 80g NH_4NO_3，用水稀释至 1 000ml
硫酸铵[（NH_4)$_2SO_4$]	132	1mol/L	溶解 132g，用水稀释至 1 000ml
氯化钾（KCl）	74.5	1mol/L	溶解 74.5g，用水稀释至 1 000ml
碘化钾（KI）	166	1mol/L	溶解 166g，用水稀释至 1 000ml
铬酸钾（K_2CrO_4）	194.2	1mol/L	溶解 194g，用水稀释至 1 000ml
高锰酸钾（$KMnO_4$）	158.0	饱和液	溶解 70g，用水稀释至 1 000ml
高锰酸钾（$KMnO_4$）	158	0.1mol/L	溶解 16g，用水稀释至 1 000ml
高锰酸钾（$KMnO_4$）	158	0.03%	溶解 0.3g，加水稀释至 1 000ml
铁氰化钾[$K_3Fe(CN)_6$]	329.2	1mol/L	溶解 329g，加水稀释至 1 000ml
亚铁氰化钾 [$K_4Fe(CN)_6\cdot3H_2O$]	422.4	1mol/L	溶解 422.4g $K_4Fe(CN)_6\cdot3H_2O$，加水稀释至 1 000ml
乙酸钠（NaAc·$3H_2O$）	136.1	1mol/L	溶解 136g NaAc·$3H_2O$，加水稀释至 1 000ml
硫代硫酸钠 （$Na_2S_2O_3\cdot5H_2O$）	248.2	0.1mol/L	溶解 24.82g $Na_2S_2O_3\cdot5H_2O$ 于水中，加水稀释至 1 000ml
磷酸氢二钠 （$Na_2HPO_4\cdot12H_2O$）	358.2	0.1mol/L	溶解 35.82g $Na_2HPO_4\cdot12H_2O$ 于水中，加水稀释至 1 000ml
碳酸钠（Na_2CO_3）	106.0	1mol/L	溶解 106.0g Na_2CO_3 于水中，加水稀释至 1 000ml
硝酸银（$AgNO_3$）	169.87	0.1mol/L	用水溶解 17.0g $AgNO_3$，加水稀释至 1 000ml
氯化钡（$BaCl_2\cdot2H_2O$）	244.3	25%	溶解 250g 于水中，稀释至 1 000ml
氯化钡（$BaCl_2\cdot2H_2O$）	244.3	0.1mol/L	溶解 24.4g $BaCl_2\cdot2H_2O$ 于水中，加水稀释至 1 000ml
硫酸亚铁（$FeSO_4\cdot7H_2O$）	278.0	1mol/L	用适量稀硫酸溶解 278g $FeSO_4\cdot7H_2O$，加水稀释至 1 000ml
氯化铁（$FeCl_3\cdot6H_2O$）	270.3	1mol/L	溶解 270g $FeCl_3\cdot6H_2O$ 于适量浓盐酸中，加水稀释至 1 000ml
乙酸铅[$Pb(Ac)_2\cdot3H_2O$]	379	1mol/L	溶解 379g 固体于水中，加水稀释至 1 000ml
氯化亚锡（$SnCl_2\cdot2H_2O$）	225.6	0.1mol/L	溶解 22.5g $SnCl_2\cdot2H_2O$ 于 150ml 浓盐酸中，加水稀释至 1 000ml，加入纯锡数粒，以防止氧化
硫酸锌（$ZnSO_4\cdot7H_2O$）	287	饱和	溶解约 900g $ZnSO_4\cdot7H_2O$ 于水中，加水稀释至 1 000ml
硫酸锌（$ZnSO_4\cdot7H_2O$）	287	0.1mol/L	溶解 28.7g 固体于水中，加水稀释至 1 000ml
过氧化氢		3%	将 10ml 30% 过氧化氢溶液用水稀释到 1 000ml
氯水		饱和	通 Cl_2 于水中至饱和为止

 附　录

续表

试剂名称	分子量	浓度	配制方法
碘溶液		0.01mol/L	溶 1.3g 碘与 3g KI 于尽可能少量的水中,加水稀释至 1 000ml
镁试剂(对 - 硝基苯偶氮 - 间苯二酚)			溶解 0.01g 镁试剂于 1 000ml 的 1mo/L NaOH 溶液中
邻二氮菲		0.5%	溶解 115g HgI₂ 和 80g KI 于水中,加水稀释至 500ml
奈斯勒试剂			35g KI 和 1.3g HgCl₂ 溶解于 70ml 水,然后加入 4mo/L KOH 溶液混合,静置后,吸取其溶液。试剂宜藏于阴暗处
丁二酮肟		1%	溶解 1g 丁二酮肟于 100ml 95% 乙醇溶液中

附录五　常见的离子和化合物的颜色

离子	颜色	化合物	颜色	化合物	颜色	化合物	颜色
$[Ag(NH_3)_2]^+$	无色	$Ag_2O(s)$	棕黑	$NH_4Br(s)$	白色	$KSCN(s)$	无色
$[Ag(S_2O_3)_2]^{3-}$	无色	$Ag_2S(s)$	灰黑	$Cr(OH)_3(s)$	灰绿	$KMnO_4(s)$	紫色
Co^{2+}	桃红	$AgSCN(s)$	无色	$Cr_2O_3(s)$	亮绿	$K_2S_2O_3(s)$	无色
$[Co(CN)_6]^{3-}$	紫色	$AgBr(s)$	淡黄	$CrCl_3(s)$	暗绿	$K_2Cr_2O_7(s)$	橘红
$[Co(NH_3)_6]^{2+}$	橙黄	$AgCl(s)$	白色	$FeCl_3(s)$	暗红	$K_2MnO_4(s)$	绿色
$[Co(NH_3)_6]^{3+}$	酒红	$AgI(s)$	黄色	$Fe(OH)_3(s)$	红～棕	$K_2SO_4(s)$	无或白色
$[Co(NO_2)_6]^{3-}$	黄色	$Ag_2CrO_4(s)$	砖红	$Fe_2O_3(s)$	红棕	$KNO_3(s)$	无色
CrO_4^{2-}	橘黄色	$Ag_2Cr_2O_7(s)$	无色	$Fe_2S_3(s)$	黄绿	$MgSO_4 \cdot 7H_2O(s)$	白色
$Cr_2O_7^{2-}$	橘红色	$AgNO_3(s)$	无色	$FeCl_2(s)$	灰绿	$MnSO_4(s)$	淡红
$[CuCl_4]^{2-}$	黄色	$Al(OH)_3(s)$	白色	$FeSO_4 \cdot 7H_2O(s)$	蓝绿	$MnS(s)$	浅红
$[Cu(OH)_4]^{2-}$	蓝色	$As_2O_3(s)$	白色	$FeS(s)$	黑色	$MnCl_2(s)$	淡红
$[Cu(NH_3)_4]^{2+}$	深蓝色	$BaCl_2(s)$	白色	$HgNH_2Cl(s)$	白色	$MnO_2(s)$	紫黑
Fe^{3+}	浅紫	$BaCrO_4(s)$	黄色	$Hg_2Cl_2(s)$	白色	$NaHCO_3(s)$	白色
$[Fe(CN)_6]^{3-}$	无色	$Ba(OH)_2(s)$	白色	$HgI_2(s)$	猩红	$Na_2CO_3(s)$	白色
$[Fe(CN)_6]^{3-}$	黄色	$BaSO_4(s)$	白色	$Hg(NO_3)_2 \cdot H_2O(s)$	无或微黄	$Na_2CO_3 \cdot 10H_2O(s)$	无色
$[HgCl_4]^{2-}$	无色	$Ca(ClO)_2(s)$	白色	$HgO(s)$	亮红	$NaCl(s)$	白色
$[HgI_4]^{2-}$	无色	$Ca_3(PO_4)_2(s)$	白色	$Hg(NO_3)_2(s)$	无色	$Na_2CrO_4(s)$	黄色

续表

离子	颜色	化合物	颜色	化合物	颜色	化合物	颜色
Mn^{2+}	浅粉色	$CaHPO_4(s)$	白色	$HgS(s)$	黑色	$Na_2Cr_2O_7(s)$	橙红
MnO	紫色	$Ca(H_2PO_4)_2(s)$	无色	$HgS(s)$	红色	$NaF(s)$	无色
MnO	绿色	$CaCO_3(s)$	白色	$HgCl_2(s)$	白色	$NaI(s)$	白色
$[Ni(CN)_4]^{2-}$	无色	$CaCl_2(s)$	白色	$Hg_2I_2(s)$	亮黄	$NaAc(s)$	白色
$[Ni(NH_3)_6]^{2+}$	紫色	$CaSO_4(s)$	白色	$H_2O_2(l)$	无色	$Na_2S_2O_3(s)$	白色
SCN^-	无色	$CaCrO_4(s)$	黄色	$KCl(s)$	无色或白色	$Na_2HPO_4(s)$	无色
$[Zn(NH_3)_4]^{2+}$	无色	$CdCl_2(s)$	无或白色	$K_2SO_3(s)$	白色	$NaH_2PO_4(s)$	无色
Na^+	无色	$CdS(s)$	淡黄	$KOH(s)$	白色	$Na_3PO_4(s)$	无色
K^+	无色	$CoSO_4(s)$	红色	$KBr(s)$	白色	$Na_2SO_4(s)$	无色
NH_4^+	无色	$CdCl_2 \cdot 6H_2O(s)$	粉红	$KNO_2(s)$	白色,微黄色	$Na_2SO_4 \cdot 10H_2O(s)$	无色
Al^{3+}	无色	$Cu_2S(s)$	蓝~灰黑	$KI(s)$	白色	$Na_2S(s)$	无色
Cu^{2+}	蓝色	$Cu_2O(s)$	红棕	$KIO_3(s)$	白色	$Na_2SO_3(s)$	白色
Cr^{3+}	绿色	$CuO(s)$	黑色	$KCN(s)$	白色	$Na_2B_4O_7(s)$	白色
CrO_2^-	亮绿色	$Cu(OH)_2(s)$	蓝色	$K_3Fe(CN)_6(s)$	宝石红	$NH_4NO_3(s)$	无或白色
Ni^{2+}	绿色	$CuSO_4(s)$	灰白	$K_4Fe(CN)_6(s)$	黄色	$(NH_4)_2S_2O_8(s)$	白色
Mg^{2+}	无色	$CuSO_4 \cdot 5H_2O(s)$	蓝色	$Ni(OH)_2(s)$	苹果绿	$PbSO_4(s)$	白色
Ca^{2+}	无色	$CuS(s)$	黑色	$NiSO_4(s)$	翠绿	$PbS(s)$	黑色
Co^{2+}	桃红	$NH_4F(s)$	白色	$NiCl_2(s)$	绿色	$Pb(NO_3)_2(s)$	白或无色
Fe^{2+}	绿色	$(NH_4)_2HPO_4(s)$	白色	$NiS(s)$	黑色	$PbO_2(s)$	深棕
Fe^{3+}	淡紫色	$(NH_4)H_2PO_4(s)$	白色	$Pb(Ac)_2(s)$	无或白色	$SnS(s)$	棕色
		$(NH_4)_2SO_4(s)$	无色	$PbCrO_4(s)$	橙黄	$SnCl_4(s)$	无色
		$NH_4SCN(s)$	无色	$PbCl_2(s)$	白色	$SnCl_2(s)$	白色
		$NH_4Cl(s)$	白色	$K_2CrO_4(s)$	柠檬黄	$ZnS(s)$	白或淡黄

● (吴巧凤　张凤玲)

◇◇◇ 主要参考书目 ◇◇◇

1. 杨怀霞,吴培云. 无机化学实验[M]. 北京:中国医药科技出版社,2018.
2. 赵新华. 无机化学实验[M].4 版. 北京:高等教育出版社,2014.
3. 魏小兰. 无机化学实验[M]. 北京:化学工业出版社,2021.
4. 杨芳,郑文杰. 无机化学实验(中英双语版)[M].2 版. 北京:化学工业出版社,2020.
5. 石建新,巢晖. 无机化学实验[M].4 版. 北京:高等教育出版社,2019.
6. 关君,杨爱红. 无机化学实验[M]. 北京:中国医药科技出版社,2020.

56检